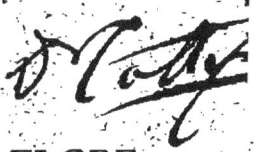

ESSAI SUR LA FLORE

DU

PAVÉ DE PARIS

LIMITÉ AUX BOULEVARDS EXTÉRIEURS

OU

CATALOGUE DES PLANTES

QUI CROISSENT SPONTANÉMENT

DANS LES RUES ET SUR LES QUAIS

Suivi d'une florule des ruines

DU CONSEIL D'ÉTAT

PAR

J. VALLOT

PARIS

NOUVELLE LIBRAIRIE MÉDICALE ET SCIENTIFIQUE

ANCIENNE ET MODERNE

DE JACQUES LECHEVALIER

23, rue Racine, 23

1884

ESSAI SUR LA FLORE

DU

PAVÉ DE PARIS

DU MÊME AUTEUR

—

Excursion au Mail Henri IV et distribution géographique des plantes aux environs de Fontainebleau. (Extr. du *Bull. Soc. bot. de France*, 1881).

ÉTUDES SUR LA FLORE DU SÉNÉGAL. — 1er fascicule, avec carte coloriée, et notice historique, géographique et bibliographique sur les botanistes qui ont voyagé dans l'Afrique tropicale, et sur les ouvrages qui traitent de la botanique de cette région. Paris, 1882, 1 vol. in-8 Jésus.

RECHERCHES PHYSICO-CHIMIQUES SUR LA TERRE VÉGÉTALE et ses rapports avec la distribution géographique des plantes. Paris, 1883, 1 vol. in-8.

Description d'un nouvel appareil destiné à la dessiccation des plantes dans les voyages. (Extr. du *Bull. Soc. bot. de France*, 1883), avec 5 fig.

Note sur une station curieuse de l'*Asplenium septentrionale* aux environs de Lodève (Hérault). (Extr. du *Bull. Soc. bot. de France*, 1883).

ESSAI SUR LA FLORE

DU

PAVÉ DE PARIS

LIMITÉ AUX BOULEVARDS EXTÉRIEURS

OU

CATALOGUE DES PLANTES

QUI CROISSENT SPONTANÉMENT

DANS LES RUES ET SUR LES QUAIS

Suivi d'une florule des ruines

DU CONSEIL D'ÉTAT

PAR

J. VALLOT

PARIS

NOUVELLE LIBRAIRIE MÉDICALE ET SCIENTIFIQUE

ANCIENNE ET MODERNE

DE JACQUES LECHEVALIER

23, rue Racine, 23

——

1884

INTRODUCTION

—

Flore du pavé de Paris.

« En l'an II ou III de la République, les plus
beaux quartiers de Paris étaient déserts ; l'herbe
poussait dans les rues comme sur pré. Un des botanistes les plus distingués qu'ait eu la France, un
membre de l'Académie des sciences, L'Héritier, pro-
fita de cette circonstance ; il écrivit une *Flore de la
place Vendôme* » (1).

L'*Intermédiaire,* par la voix autorisée de M. Alph.
de Candolle, a fait justice de cette légende, mais on
peut dire que si L'Héritier n'a pas écrit cette florule, il ne serait pas surprenant qu'il ait eu l'idée de
la faire, et j'ajouterai qu'il est probable que la liste
des plantes aurait été longue.

Kirschleger (2) rapporte qu'en 1855 la cour du
château impérial de Strasbourg, pendant qu'on ré-

(1) L'*Intermédiaire des chercheurs et curieux*, t. XV, col.
237.

(2) KIRSCHLEGER, *Flore d'Alsace et des contrées limitro-
phes*, Strasbourg, 1858, p. 99.

parait les grands appartements, offrait l'aspect d'une véritable prairie ; il y nota 85 espèces. Il suffit donc de deux années d'incurie, pour transformer une cour pavée en une prairie.

Enfin, on raconte que Lestiboudois, en allant au Conseil d'État, s'arrêtait souvent place du Carrousel, pour recueillir des plantes qui croissaient entre les pavés.

Depuis le commencement du siècle Paris a bien changé de face : on n'y trouverait pas un coin qui ne soit pavé, bitumé ou macadamisé. Une armée d'ouvriers, munis de lances d'arrosage et de balayeuses mécaniques, exécutent un nettoyage journaliers des rues, et si quelque petite plante se risque à pousser entre deux pavés, des préposés, soucieux de la propreté des voies, s'empressent de l'arracher à l'aide d'instruments spéciaux. Les berges des quais même n'échappent pas à ce système régulier de curage.

Malgré tout cela, et comme pour prouver que la nature est plus forte que l'homme, un grand nombre de plantes s'obstinent à pousser au centre même de Paris, et, si Lestiboudois était encore de ce monde, il pourrait toujours se donner le plaisir d'herboriser place du Carrousel, où il trouverait un joli choix de plantes. En 1883, j'y ai recueilli 45 espèces de plantes phanérogames. Il est vrai que la plupart sont très petites , souvent rabougries et qu'elles ne sont probablement visibles que pour l'œil du botaniste, car les passants, ne soupçonnant pas que je pusse herboriser à pareille place , ne manquaient pas de me demander si je cherchais quelque objet perdu ; cependant plusieurs de ces espèces minuscules étaient représentées par des centaines de pieds.

Un travail sur la flore des ruines des monuments anciens, commencé en 1880 aux Arênes de Nîmes et continué depuis sur divers monuments, m'ayant amené à étudier la flore des ruines du Conseil d'État, j'ai été conduit, dans le but de rechercher d'où proviennent les plantes de ces ruines, à dresser la liste des espèces qui croissent spontanément au centre de Paris. C'est ce petit travail que je présente ici, autant comme curiosité que comme document.

Les plantes qui croissent entre les pavés n'ont pas ordinairement le même aspect que celles que l'on trouve dans la campagne. Venues dans les fissures étroites d'un terrain maigre et extrêmement sec, souvent détruites par les pas des promeneurs ou par les instruments des balayeurs, elles sont en général beaucoup plus petites, à structure plus ramassée, à tige trapue, à racine grosse et rampante. Aussi sont-elles souvent assez difficiles à reconnaître et à nommer avec certitude. Je saisis l'occasion de remercier M. le Dr Eug. Fournier, qui a bien voulu, avec sa complaisance habituelle, me déterminer la plupart des glumacées contenues dans ce travail.

Il y a dans les rues de Paris cinq sortes de stations pour les plantes spontanées : 1° les pavés des rues et des quais, sur la berge ; 2° les perrés des quais, tous en maçonnerie, où les plantes croissent dans les fissures entre les pierres ; 3° le faîte des petits murs, station de plus en plus rare et presque nulle aujourd'hui ; 4° les talus en terre, dont il ne reste plus que deux ou trois très peu étendus ; 5° la terre qui est autour des arbres des boulevards et des avenues, lorsqu'elle est protégée par des grilles. J'ai eu soin, dans cette flore, d'indiquer ces diverses stations ; l'absence d'indication signifie que la plante croit entre les pavés ou entre les pierres des perrés.

Ce travail, étant une flore des rues, doit, pour répondre à son titre, être limité absolument aux voies publiques. Je n'ai donc pénétré ni dans les terrains vagues, ni dans les cours non publiques, ni dans aucune clôture quelle qu'elle soit. Par la même raison, je me suis limité à l'ancien Paris, pour ne pas arriver aux quartiers non encore bâtis, où se trouvent de véritables prairies, dont la végétation n'offre aucun intérêt au point de vue où je me suis placé.

La limite que j'ai choisie est celle de l'ancien Paris, avant l'annexion de 1860. Elle part du quai de Passy, passe derrière le Trocadéro, suit l'avenue du Roi de Rome, la place de l'Étoile, l'avenue Wagram, qu'elle quitte au boulevard Courcelles pour suivre les boulevards extérieurs, jusqu'au bassin de la Villette qu'elle laisse en dehors, reprend les boulevards extérieurs au boulevard de la Villette, passe devant le Père-Lachaise, suit les boulevards de Charonne, de Picpus, de Reuilly, de Bercy, traverse la Seine au pont de Bercy, reprend les boulevards extérieurs au boulevard de la Gare, passe devant le cimetière Mont-Parnasse, suit le boulevard de Vaugirard et arrive à la Seine, par le boulevard de Grenelle, à la passerelle de Passy. La construction de cette passerelle a divisé l'île des Cygnes en deux parties très inégales ; j'ai compris dans mes herborisations l'extrémité, à peine longue de cinquante mètres, qui est en amont et se trouve renfermée régulièrement dans le périmètre que j'ai choisi. J'ai appelé *quai de Grenelle* la partie du quai comprise entre la passerelle et le pont d'Iéna ; les plans de Paris lui donnent quelquefois le nom de quai d'Orsay.

On a souvent observé à Paris des plantes importées accidentellement par les bateaux ou par toute autre cause, et qui ne s'y sont pas maintenues. D'autres espèces ont disparu de leurs localités par suite de la construction des quais ou des quartiers neufs. Il était intéressant d'étudier les modifications de la flore au point de vue de ces plantes ; aussi ai-je recherché dans la flore de MM. Cosson et Germain et dans celle de Tournefort toutes les espèces qui ont été indiquées à Paris. Pour cette liste, en vue d'un intérêt historique facile à comprendre, j'ai reculé la limite jusqu'aux fortifications. J'ai mis une croix devant les noms des plantes indiquées par ces auteurs dans l'ancien Paris et non retrouvées par moi, et deux croix devant les noms de celles qui sont citées entre les boulevards extérieurs et les fortifications.

Avant de parler de la végétation de Paris au temps de Tournefort, c'est-à-dire à la fin du xviie siècle, il est bon d'indiquer en quelques lignes l'état et l'étendue de la ville à cette époque.

Au temps de Tournefort, le mur d'enceinte, en partant de la Seine, passait devant le jardin des Tuileries, d'où il allait rejoindre les boulevards à l'endroit où se trouve actuellement la Madeleine. Il suivait ensuite la ligne entière des boulevards, passant par les portes Saint-Martin et Saint-Denis, englobant la Bastille et arrivant à la Seine un peu en amont de l'île Louviers (au pont d'Austerlitz). Sur l'autre rive, il suivait la rue de Buffon, derrière le Jardin du Roi, la rue Censier, la rue des Bourguignons, passait derrière l'abbaye du Val de Grâce, longeait, au boulevard Mont-Parnasse, l'abbaye des Chartreux et le parc du palais d'Orléans (Luxembourg) et, s'infléchissant vers la Seine à la hauteur de la rue de Sèvres, venait la rejoindre au point où a été jeté le pont de la Concorde.

Tournefort ne paraît guère avoir herborisé à l'intérieur de cette enceinte, et cependant ce n'étaient pas les localités qui manquaient, car les berges de la Seine, dépourvues de quais, devaient être envahies par l'herbe, et la ville était parsemée d'abbayes dont les immenses parcs auraient probablement offert d'aussi amples moissons que l'abbaye de Charonne. Tels étaient l'abbaye de Saint-Martin-aux-Champs, les couvents des Célestins, des Bernardins, des Chartreux, des Jacobins, les abbayes de Saint-Victor, du Val-de-Grâce, de Saint-Germain-des-Prés, etc. C'est dans cette dernière abbaye que Joncquet, avant d'être appelé par Vallot au Jardin royal des plantes, cultivait un important jardin botanique, dont il a publié le catalogue en 1659 (1).

La butte des Copeaux, produit d'une agglomération successive de boues et de gravois, naguère couverte de verdure, était devenue le labyrinthe du Jardin des Plantes. Les rues étaient souvent enva-

(1) JONCQUET (D.), *Hortus, sive Index onomasticus plantarum, quas excolebat Parisiis annis 1658 et 1659.*

hies par les herbes, comme le prouvent les vieux noms de la rue des Orties du Louvre, longeant la galerie du bord de l'eau, et de la rue des Orties, au pied de la butte Saint-Roch.

Du reste, tout le quartier du Louvre, malgré le voisinage du palais, était livré à une incurie dont il est difficile de se faire une idée de nos jours. Les galeries du palais étaient encombrées à l'extérieur par les échoppiers qui avaient élu domicile jusque dans les niches destinées aux statues, et servaient de refuge à l'intérieur aux contraints par corps et aux voleurs, qui profitaient, pour se soustraire à la justice, de l'inviolabilité attachée aux demeures royales. En 1613 on y vola toute la garde-robe de la Reine et en 1666 le vieil abbé Bruneau y fut tué dans sa chambre, en plein jour. Dans le Louvre se trouvaient même, en temps de disette, des fours destinés à faire chaque jour 100,000 rations de pain que l'on distribuait aux malheureux.

La place du Carrousel, après avoir été le Montfaucon du XIVe siècle, et plus tard le *Champ-Pourry*, où il était permis aux porchers habitant la butte du *Marché-aux-Pourceaux* (butte Saint-Roch) de laisser errer leurs porcs, aux maquignons d'abattre leurs chevaux malades et aux barbiers de vider leur palette, avait fini par être encombrée de constructions, à travers lesquelles les rues Saint-Nicaise, Saint-Thomas et Froidmanteau avaient peine à se frayer un étroit passage.

La butte Saint-Roch, ancien tumulus gaulois, où avait lieu autrefois le supplice des faux-monnayeurs que l'on plongeait dans l'eau bouillante, après avoir été longtemps couverte d'une végétation parasite de ronces et d'orties croissant au pied de ses moulins, venait d'être aplanie et couverte de constructions. De 1667 à 1677, quatre grands entrepreneurs y avaient construit douze rues ; les derniers moulins disparurent de 1668 à 1672 et furent portés les uns à Montmartre, les autres à la montagne Sainte-Geneviève.

Outre les rives de la Seine, les îles auraient pu fournir quelques plantes à Tournefort. L'île Louviers, réunie à la rive il y a peu d'années, n'était encore qu'une prairie, ainsi que l'île des Cygnes, qu'il ne faut pas confondre avec celle qui porte ce nom à Passy. Elle partait de l'emplacement de la manufacture des tabacs, pour se terminer devant le Champ-de-Mars et était séparée de la rive par un étroit chenal qui, qui une fois comblé, est devenu la rue de l'Université. L'île Saint-Louis, coupée sous Philippe-Auguste par un chenal et formant depuis l'île Notre-Dame et l'île aux Vaches, mais remise en son premier état en 1614, était complètement couverte de constructions depuis 1647. Les petites iles qui se trouvaient à la pointe de la Cité n'existaient plus, mais le prolongement de l'une d'elles après le Pont-Neuf pouvait encore fournir une intéressante moisson.

Je m'arrêterai un instant sur ce coin de Paris, qui offre quelque intérêt au point de vue de l'histoire de la botanique parisienne. A la fin du XVIe siècle, l'ile de la Cité ne se prolongeait pas aussi loin qu'aujourd'hui ; elle s'arrêtait à l'emplacement de l'ancienne rue de Harlay. A la suite de la grande ile, se trouvaient deux ilots parallèles, dont l'un, l'ile *de Bussy* ou *du Passeur-aux-Vaches,* appelé plus tard iles *Gourdaine,* était couvert d'épais fourrages ; l'autre, l'ile *aux Juifs* ou *aux Treilles,* fief de l'abbaye de Saint-Germain-des-Prés, était couvert de treilles qui lui ont valu son nom. C'est sur cette dernière que furent brûlés en 1313 les deux chefs des Templiers.

En 1462, cette ile fut achetée par Hugues Bureau et elle prit dès lors le nom d'ile *aux Bureau* ou *Bureaux.* C'est probablement là que l'un des Bureau cultiva les premiers plans de *romaine,* qu'il avait importée en France bien avant Rabelais, à qui l'on en fait honneur.

Ces ilots furent réunis à l'ile de la Cité pour servir à la construction du Pont-Neuf. Ils occupaient tout l'espace de la place Dauphine, du terre-plein et de la pointe qui, prolongée, a servi à la construction de l'écluse de la Monnaie. Au temps de Tournefort, la partie de cette pointe où se trouvait récemment le café *Vert-Galand*, était couverte de végétation et pouvait offrir au botaniste une petite récolte.

A la pointe de la Cité, se trouvait le *Jardin Royal*, autrefois *Jardin du Palais*. C'est là, et non sur l'un des îlots, que se trouvait le « clos des plantes rares » cultivées par *Jean Robin*, jardin botanique important pour l'époque, qui précéda d'un demi siècle la création du Jardin des Plantes. Nous en possédons deux catalogues et un recueil de planches dessinées par *Vallet*. En 1601, Robin y cultivait déjà plus de 1300 espèces et, lorsque le Jardin des Plantes fut créé, en 1636, Vespasien Robin donna à cet établissement la plupart de ces plantes, qui formèrent le noyau de la nouvelle collection, entr'autres le fameux *acacia*, souche de tous ceux de l'Europe, que l'on peut encore voir au Muséum.

Hors des murs, les hauteurs paraissent avoir attiré particulièrement Tournefort ; aussi les taillis des buttes Montmartre, de Belleville et de Ménilmontant reviennent souvent sous sa plume. Montfaucon, qui allait bientôt être remplacé par l'hôpital Saint-Louis, lui offrait quelques plantes, ainsi que Pincourt (Popincourt) qui faisait déjà partie des faubourgs de Paris, et où l'on trouvait une maison de santé, ce qui prouve que l'invention n'en est pas nouvelle.

Au faubourg Saint-Antoine, le parc de l'abbaye de Charonne, qui est devenue l'hôpital Saint-Antoine, fournissait au botaniste bon nombre de plantes rares. Citons encore les environs de la porte Saint-Antoine, la route de Vincennes et les lagunes de Bercy. Les plaines de Montrouge, de Vaugirard et de Grenelle, les hauteurs de Chaillot, la route de Neuilly, aux Ternes, étaient assez riches, et l'herborisation classique des lieux bas et humides était celle du Cours-la-Reine et des Champs-Elysées.

Je m'étonne de ne voir citer dans les herborisations de Tournefort aucune des localités situées sur l'emplacement du faubourg Montmartre et du quartier des Martyrs. Il y avait pourtant là de fraîches et verdoyantes prairies arrosées par le ruisseau de Ménilmontant qui descendait des hauteurs, du côté de la rue Fontaine-au-Roi, passait place des Marais (place du Château-d'Eau), suivait les rues des Petites Ecuries, Richer, de Provence, traversait le quartier actuel des Champs-Elysées entre la Ville-l'Evêque et le Roule, et venait se jeter dans la Seine près de l'endroit où se trouve le pont de l'Alma.

La rive droite, entre le ruisseau et Montmartre,

était encore à peu près inculte et devait renfermer un grand nombre de plantes spontanées. Quant à la rive gauche, elle était morcelée depuis longtemps et cultivée en jardins maraîchers : c'est là, près de la porte Montmartre, en face de la Grange-Batelière, que se trouvait l'avoir de Geoffroy et Marie, pauvre ménage qui en fit donation à l'Hôtel-Dieu en 1260, en échange de son entretien viager. L'Hôtel-Dieu paya ainsi 4,000 fr. environ ce terrain, qui fut revendu 3,075,600 fr. en 1840. Le nom de Geoffroy-Marie a été donné à la rue qui passe à travers le terrain du petit enclos.

La Grange-Batelière, anciennement *Grange-Bataillée*, avait été construite sur l'emplacement d'une sorte de Champ de Mars, servant aussi de Champ de course, où *Bayar*, le fameux coursier des *Quatre fils Aymon*, avait remporté le grand prix de Paris... sous Charlemagne ! C'était une ferme qu'un propriétaire industrieux avait transformée en guinguette; il l'avait entourée d'un lac, rempli par une dérivation du ruisseau de Ménilmontant, et les gens passaient en bateau pour aller faire des parties fines à la Grange. Mais au temps de Tournefort, la Grange avait perdu son antique réputation à cause de la transformation du ruisseau en *Grand égout* (depuis égout collecteur), encore à découvert et formant un cloaque dont les émanations méphitiques répandaient les fièvres dans les environs, et dans lequel les ivrognes descendant de Montmartre tombaient souvent la nuit, sans pouvoir en sortir jusqu'au matin. Du reste, la place était peu sûre, et c'est là que Turenne, attaqué par des voleurs, fut bel et bien obligé de donner sa bourse.

Quand on voit combien Paris a changé depuis le xvii° siècle, on comprend que la Flore ait pu se modifier profondément et que beaucoup de plantes citées par Tournefort aient pu disparaître.

Sur 77 plantes indiquées à Paris en dehors des boulevards extérieurs, les 39 espèces qui sont citées par Tournefort principalement à Belleville, à Ménilmontant, aux Ternes et à Grenelle, doivent avoir disparu pour la plupart par suite de la construction des quartiers, tandis que parmi les 44 indiquées par MM. Cosson et Germain, plusieurs pourraient probablement être retrouvées, surtout celles des bords de la Seine, à Grenelle et au bas Passy.

Dans les limites de la Flore, 42 espèces indiquées par Tournefort au bord de la Seine, près du Cours-la-Reine, ont pu être retrouvées dans les mêmes localités, malgré la construction des quais et le pavage des berges. 4 espèces indiquées par MM. Cosson et Germain ont pu également être retrouvées.

Les espèces qui sont citées par les auteurs dans l'ancien Paris, mais qui n'ont pas été retrouvées au-

jourd'hui, sont au nombre de 92, parmi lesquelles
53 sont citées par Tournefort et 40 par MM. Cosson
et Germain. Les premières sont réparties de la manière suivante : 30 ont disparu du Cours-la-Reine,
des bords de la Seine ou des Champs-Elysées par
suite de la construction et du pavage des quais et de
la création des promenades ; 7 ont disparu avec la
Bastille et les remparts ; 1 se trouvait au bord de la
Bièvre, transformée en égoût souterrain ; 7 ont été
détruites par les constructions autour de la Salpétrière, de Montfaucon, de la porte Saint-Martin, de
Popincourt, des Invalides, etc. ; 2 ne se retrouvent
plus au bord de la Seine ; enfin 10 étaient citées
dans le parc de l'abbaye de Charonne; il serait curieux de rechercher si l'on n'en retrouverait pas
quelques-unes dans les jardins de l'hôpital Saint-
Antoine, qui occupent une partie de ce parc.

Les 40 plantes indiquées par MM. Cosson et Germain, et non retrouvées actuellement, sont réparties
comme il suit : 16 croissaient sur les quais ; plusieurs d'entre elles, importées accidentellement par
les bateaux, ne se sont plus reproduites ; d'un autre
côté, de nouveaux quais ont été construits depuis
trente ans, les berges ont été pavées et mieux soi-
gnées qu'autrefois, ce qui explique la disparition de
ces plantes ; 3 espèces, indiquées sur les murs du
Luxembourg, ont disparu avec ces murs, remplacés

par des grilles ; 6 espèces avaient été importées accidentellement dans des cours de bâtiments publics,
où elles ont disparu ; le Champ-de-Mars vient d'être
nivelé, recouvert d'un décimètre de sable et passé
au rouleau, ce qui a détruit les 3 espèces qui y
étaient indiquées ; 2 espèces, naturalisées dans les
gazons du Muséum, ne sont citées que pour mémoire
et ne font pas partie de la flore du *pavé* ; il en est
de même pour 5 espèces citées sur les décombres ; les
autres indiquées pour la plupart dans des quartiers
entièrement construits ou transformés aujourd'hui,
tels que Javel, Chaillot, le Trocadéro, les Champs-
Elysées, la Salpétrière, les Invalides, etc., ont dû
disparaître sous les constructions nouvelles.

Les plantes du Paris actuel sont très inégalement
réparties. Certains quartiers en sont totalement
dépourvus, tandis que d'autres en contiennent une
grande quantité. Le nombre total en est de 209. Les
stations les plus riches sont sans contredit sur les
quais de la Seine et du canal Saint-Martin, qui
en offrent 187 espèces, parmi lesquelles 102 ne
se retrouvent pas ailleurs dans l'ancien Paris ;
9 espèces sont spéciales à l'extrémité de l'Ile des
Cygnes.

Il ne faudrait pas croire cependant que les
rues ne fournissent qu'un nombre infime de
plantes : j'ai pu y récolter 106 espèces, dont 22 ne

se retrouvent pas sur les quais. Certaines stations tout-à-fait centrales sont beaucoup plus riches qu'on ne pourrait l'imaginer et je ne résisterai pas au plaisir de donner ici quelques listes curieuses.

Les grilles des arbres, sur les boulevards, sont de plus en plus riches à mesure qu'on s'éloigne des quartiers populeux et fréquentés. Dans les quartiers centraux, la poussière du balayage dessèche et étouffe toute végétation, de sorte qu'on n'y trouve guère que l'avoine apportée par les chevaux. Mais si l'on s'éloigne un peu du centre, on commence à trouver quelques plantes : sur le boulevard Saint-Germain, par exemple, entre le pont de la Concorde et la rue du Bac, j'ai récolté les espèces suivantes :

Ranunculus repens
Brassica napus
Potentilla reptans
Galium aparine
Taraxacum officinale
Sonchus oleraceus
— asper
Plantago major
Polygonum convolvulus
Euphorbia peplus
Poa annua.

Sous les grilles de l'avenue Percier, où la circuculation est à peu près nulle, j'ai pu récolter dans une seule herborisation :

Ranunculus acris
Thlaspi bursa-pastoris
Stellaria media
Trifolium repens
Galium elatum
— aparine
Erigeron canadensis
Taraxacum officinale
Sonchus oleraceus
— asper
Convolvulus arvensis
Plantago major
— lanceolata
Chenopodium album
Rumex acetosella
Mercurialis annua
Poa annua.

Autour de l'Arc-de-Triomphe de l'Étoile, sur le terrain sablé et dans les fentes du soubassement, on peut trouver :

Sinapis arvensis
Sagina procumbens
Stellaria media
Senecio vulgaris

Lappa communis
Taraxacum officinale
Sonchus oleraceus
Plantago major
Chenopodium vulvaria
— murale
Polygonum aviculare
Panicum miliaceum
Holcus lanatus
Poa annua
— trivialis
Hordeum murinum
Lolium perenne.

La cour intérieure des Invalides offre aussi, entre les pavés, une récolte intéressante. Chaque année, les fentes des pavés sont nettoyées avec un instrument spécial, et les plantes sont arrachées, mais elle s'obstinent à repousser et le nombre n'en paraît pas diminuer. Ce sont les suivantes :

Sinapis arvensis
Thlaspi bursa-pastoris
Sagina procumbens
— apetala
Stellaria media
Vicia lathyroides
Sedum acre
Saxifraga tridactylites

Tussilago farfara
Erigeron canadense
Senecio vulgaris
Taraxacum officinale
Sonchus asper
Crepis virens
Veronica arvensis
Poa annua.

Enfin, place du Carroussel, au centre même de Paris, j'ai pu récolter 45 espèces, parmi lesquelles le *Sherardia arvensis*, le *Bellis perennis* et l'*Echium vulgare* ne se retrouvent pas ailleurs dans le vieux Paris. Ce sont les espèces suivantes :

Papaver rhœas
Sinapis arvensis
Thlaspi bursa-pastoris
Silene inflata
Sagina procumbens
— apetala
Arenaria serpyllifolia
Cerastium vulgatum
Geranium pusillum
Medicago lupulina
Melilotus officinalis
Trifolium pratense
— repens

Trifolium filiforme
Lotus corniculatus
Sherardia arvensis
Tussilago farfara
Erigeron canadensis
Bellis perennis
Senecio vulgaris
Leucanthemum vulgare
Anthemis cotula
Achillæa millefolium
Centaurea cyanus
Taraxacum officinale
Lactuca scariola
Echium vulgare
Solanum nigrum
Plantago major
    —   media
    —   lanceolata
Amarantus retroflexus
Chenopodium album
Rumex crispus
    — acetosella
Polygonum lapathifolium
    —   aviculare
Alopecurus agrestis
Panicum miliaceum
Poa annua

Dactylis glomerata
Bromus sterilis
Serrafalcus mollis
Secale cereale
Lolium perenne.

La plupart des plantes de Paris sont assez communes ou même très communes dans les environs. Quelques-unes viennent des cultures potagères ou des arbres plantés dans les avenues et sur les promenades. Le *Silene armeria*, le *Sambucus nigra* et le *Campanula pyramidalis* sont échappés des jardins où ils sont parfois cultivés. Le *Crepis tectorum* est spontané, mais assez rare aux environs de Paris ; le *Nasturtium anceps* et le *Glyceria loliacea* y sont rares.

Enfin trois plantes n'existent pas dans la flore parisienne et ont été importées sur les quais par les bateaux ou les trains de bois. Ce sont : l'*Alyssum incanum*, plante de l'Alsace et du Midi de la France, le *Bunium carvi*, plante de l'Est, rencontrée quelquefois accidentellement aux environs de Paris et le *Poa sudetica*, espèce habitant les forêts des Vosges, du Jura, des Alpes et de l'Auvergne, qui a dû être apportée par les trains de bois.

Il y a peu de chose à dire au point de vue de l'influence chimique du sol. Le catalogue des plantes

existant actuellement à Paris, comparé aux listes de
M. Contejean (1), donne les résultats suivants :

      8 Calcifuges peu exclusives
    15   —   presque indifférentes
   133 Indifférentes
   12 Calcicoles presque indifférentes.
    2   —   peu exclusives

On remarquera tout de suite qu'il n'y a pas de
calcifuges ni de calcioles *exclusives* et que presque
toute la végétation est formée de plantes indifférentes. C'est ce qui arrive ordinairement dans les terrains mixtes, comme ceux-ci, où la terre est formée
de sable, mêlé de détritus, de poussière plus ou
moins calcaire ou de ciment.

Je terminerai ces considérations en indiquant
deux ouvrages renfermant des travaux sur la flore
des villes. Ce sont les suivants :

KIRSCHLEGER, *Flore d'Alsace et des contrées limitro-*
phes (Strasbourg 1858). On trouvera à la page 98
un chapitre sur la végétation des *murs de fortifica-*
tions anciennes et modernes, quais, anciens châteaux,
vieilles églises, bâtiments en ruines, rues abandonnées,
cours et préaux peu battus.

JOURDAN (Pascal), *Flore de Vichy.* C'est la flore

(1) CONTEJEAN (Ch.), *Géographie botanique, influence*
du terrain sur la végétation, Paris 1881, p. 122 et suiv.

de la ville même et des environs jusqu'à un kilo-
mètre autour du parc.

———

Florule du Conseil d'Etat

La flore du Conseil d'Etat est un peu différente
de celle du pavé de Paris. Les différences viennent
de plusieurs causes que la simple description des
lieux peut faire pressentir.

Le *Palais d'Orsay,* nom administratif du bâtiment
qui nous occupe, renfermait le Conseil d'Etat et la
Cour des Comptes. Il a été incendié en 1871. Les
murs seuls ont subsisté, presque partout, mais cependant, du côté de la Cour des Comptes, il reste
quelques planchers carrelés, et au-dessus de la salle
des fêtes, sur la façade, la voûte subsiste encore en
grande partie, quoique les planchers supérieurs
aient été détruits. On trouve des plantes dans ces
divers endroits, dont quelques-uns, comme la voûte
de la grande salle, ne peuvent être atteints qu'avec
difficulté, en marchant sur les poutres, avec un vide
de huit ou dix mètres à côté de soi.

De chaque côté du palais se trouve un petit jardin qui avait également été détruit lors de l'incendie
du palais. Sur le devant, entre la grille et le palais,
s'étend une allée bitumée, longeant le quai. Enfin, à
l'intérieur se trouvent trois cours.

En 1871 ou 1872, tous les décombres ont été enlevés, tout a été nettoyé et nivelé, et par conséquent les plantes récoltées en 1883 se sont établies dans une période de douze ans au plus. Il est utile d'entrer dans de plus grands détails pour préciser l'état de chacune des localités de cette florule ; ces détails seront même nécessaires pour l'étude de la migration de certaines plantes. Les jardins, dont les arbres et arbustes avaient été grillés et couverts de décombres, ont été nettoyés, aplanis et livrés ensuite à eux-mêmes. Le bitume de l'allée de la façade a aussi été nettoyé et ensuite abandonné. Les décombres de l'intérieur avaient été tous enlevés, mais il en est tombé de nouveaux depuis, et il en tombe encore journellement dans certaines salles ; ce ne sont presque partout que des plâtras, mais, à quelques endroits, il y a des empilements de blocs énormes que l'on ne peut parcourir sans éprouver quelque crainte.

Sur les trois cours, deux sont pavées ; ce sont les petites. Au bout de l'une d'elles on a amoncelé des boues qui, fournissant un terrain argileux et profond de quelques décimètres, ont donné naissance à une belle colonie de Saules et de Pas-d'ânes. La cour d'honneur est très intéressante. Une bordure de pavés suit tout le pourtour, tandis que le milieu est macadamisé. Cette cour est couverte de végétation, mais le centre offre un contraste frappant avec la périphérie, car, sur un cercle de plusieurs mètres, la végétation est à peu près nulle et composée de plantes extrêmement petites. Il m'a été facile d'expliquer cette différence en me rappelant avoir vu, il y a quelques années, les troupes de cavalerie de la caserne voisine faire régulièrement des exercices de manège dans cette cour : le macadam du milieu est resté dur, tandis que le pourtour, à force d'être piétiné par les chevaux, a fini par être défoncé et a pu ainsi fournir aux plantes un sol convenable pour la végétation.

J'ai fait séparément la flore de chacune des principales localités du palais, afin d'étudier plus complètement la migration des végétaux qui la composent. J'ai donc étudié à part : 1° les cours, 2° les jardins, 3° le trottoir bitumé de la façade, 4° les salles du rez-de-chaussée (entresol du côté de la rue de Lille), 5° les salles du premier étage.

La flore du Conseil d'État se compose, en 1883, de 152 espèces, dont plusieurs n'ont été trouvées qu'en échantillon unique. Sur ce nombre, 84 seulement sont communes aux ruines du palais et à la *Flore du pavé de Paris*. Voici le tableau de la répartition générale des plantes :

Cours 91
Jardins 65

Trottoir de la façade 35
Salles du rez-de-chaussée . . . 51
Salles du premier étage 48

Un certain nombre de ces plantes sont spéciales à une de ces localités et ne se retrouvent pas dans les autres, comme le montre le tableau suivant :

37 spéciales aux cours
23 — aux jardins
3 — au trottoir de la façade
4 — aux salles du rez-de-chaussée
9 — aux salles du premier étage.

On remarque le grand nombre de plantes spéciales aux cours et aux jardins. Pour les jardins, cela n'a rien d'étonnant, puisque c'est le seul endroit où il y ait un sol profond et formé de bonne terre, mais, quant aux cours, le fait paraîtrait extraordinaire, si l'on ignorait la circonstance des exercices de cavalerie qui ont apporté des graines fourragères dans le fumier des chevaux.

On ne sera pas étonné de retrouver au Conseil d'État une partie des plantes de la *Flore du pavé de Paris,* principalement les espèces les plus communes ; les graines ont été toutes apportées par le vent, des bords de la Seine ou d'autres endroits peu éloignés, à l'exception du *Sambucus nigra* et peut-être de quelques autres, apportées par les oiseaux. Un certain nombre de ces plantes peuvent aussi provenir des gazons semés primitivement dans les jardins.

Un certain nombre d'arbres proviennent des essences plantées sur les quais et les avenues ; tels sont les suivants : *Acer pseudo-platanus*, *Acer platanoides*, *Ailantus glandulosa*, *Populus nigra*, *Platanus acerifolia*. Plusieurs de ces arbres ont poussé très vigoureusement ; ainsi deux Érables, venus dans les jardins, ont atteint une dizaine de mètres de haut. Quelques graines d'arbres ont aussi été apportées des jardins voisins par l'action du vent, par exemple le *Robinia pseudo-acacia*, dont je n'ai trouvé qu'un seul pied très jeune.

On chercherait vainement au Conseil d'État des plantes n'appartenant pas à la flore des environs de Paris, comme on en trouve au bord de la Seine. Ces plantes ne peuvent se trouver qu'aux lieux de passage. Quelques espèces ne sont pas, il est vrai, spontanées dans la région parisienne, mais elles sont fréquemment cultivées dans les jardins ; ce sont les suivantes :

Hibiscus syriacus
Ampelopsis quinquefolia
Evonymus japonicus
Rosa gallica (forme cultivée)
— canina (forme cultivée)
Ribes sanguineum

    Aster salignus
    Lilac vulgaris
    Ficus carica
    Celtis australis.

Parmi les 67 plantes qui ne sont pas spontanées dans l'intérieur de Paris, 58 sont communes dans la région parisienne, ou fréquemment cultivées. La manière dont ces plantes ont été importées au Conseil d'État est intéressante à étudier.

Les suivantes ont dû être apportées, par l'action du vent, des jardins les plus voisins où elles sont cultivées comme plantes d'ornement :

    Viola odorata
    Hibiscus syriacus
    Evonymus japonicus
    Coronilla varia
    Rosa gallica (forme cultivée)
    — canina (forme cultivée)
    Lilac vulgaris.

Les suivantes proviennent des mêmes endroits, où elles forment les gazons ou sont mêlées accidentellement aux cultures :

    Silene pratensis
    Malva sylvestris
    Convolvulus sepium
    Ballota fœtida

Marrubium vulgare
Ajuga reptans
Carex echinata
Setaria verticillata
Deschampsia cæspitosa.

Les graines pourvues de faisceaux de poils et surtout celles qui sont munies d'aigrettes, peuvent
venir d'endroits beaucoup moins rapprochés, et
souvent même très éloignés. Ce sont les suivantes :

Rosa canina
— canina var. andegavensis
Epilobium montanum
— montanum var. collinum
— hirsutum
Eupatorium cannabinum
Aster salignus
Senecio jacobæa ·
Leucanthemum parthenium
Cichorium endivia
Leontodon autumnalis
— proteiformis
Lactuca muralis
Sonchus arvensis
Hieracium pilosella
— sylvaticum
Salix fragilis

Salix alba
— viminalis
Populus tremula
— nigra
Betula alba.

Cependant plusieurs plantes de cette liste, quoique pourvues d'aigrettes, proviennent certainement
des jardins et ne sont pas spontanées dans la région
parisienne ; nous les avons déjà indiquées précé-
demment. Quelques-unes, spéciales à la grande
cour, peuvent aussi provenir des fourrages.

Les spores des fougères sont emportées facile-
ment par le vent. Telles sont les suivantes :

Polypodium vulgare
Polystichum filix-mas
Pteris aquilina.

Enfin un certain nombre d'espèces produisent
des fruits charnus ou en forme de baie qui sont
mangés par les oiseaux et dont les graines germent
après avoir passé par leur tube digestif. Ce sont :

Ampelopsis quinquefolia
Fragaria vesca
Rubus cæsius
— idæus
Ribes uva-crispa
— sanguineum

Hedera helix
Ficus carica
Celtis australis.

Il faut y ajouter le *Prunus avium* ou Cerisier. Ici, le noyau n'étant pas avalé par les oiseaux, les graines des deux pieds que j'ai trouvés ont évidemment été importés par l'homme.

Je n'ai plus à citer, parmi les plantes communes, que celles qui, trouvées seulement dans la grande cour, ont vraisemblablement été apportées par les fourrages militaires. Ce sont :

Œnanthe lachenalii
Leontodon autumnalis
— proteiformis
Hieracium pilosella
Veronica chamædrys
— serpyllifolia
Ajuga reptans
Salix viminalis
Carex acuta
Anthoxanthum odoratum
Cynosurus cristatus.

Outre les plantes communes dans la flore parisienne,. le Conseil d'Etat renferme quelques espèces dont nous n'avons pas encore parlé, qui y sont rares à différents degrés. Les suivantes sont assez rares, d'après MM. Cosson et Germain :

>Rosa gallica, var. andegavensis
>Epilobium spicatum
>Buxus sempervirens
>Salix smithiana
>Betula pubescens.

Les suivantes sont plus rares :

>Melilotus alba
>Gaudinia fragilis
>Aspidium aculeatum

Et enfin, la suivante est très rare,

>Trifolium elegans.

La migration de ces plantes est intéressante à étudier, en raison de leur rareté. Les suivantes sont pourvues d'aigrettes et ont pu être apportées par le vent, même d'endroits très éloignés :

>Rosa gallica, var. andegavensis
>Epilobium spicatum
>Salix smithiana
>Betula pubescens.

Les spores de l'*Aspidium aculeatum* ont dû être apportées de la même manière. Le *Buxus sempervirens* est fréquemment cultivée en bordures dans les jardins voisins ; il n'y en a qu'un pied au Conseil d'Etat.

Les trois qui restent :

> Melilotus alba
> Trifolium elegans
> Gaudinia fragilis

sont spéciales à la grande cour et ont été certainement introduites par les fourrages. MM. Cosson et Germain pensent que le *Gaudinia fragilis* a été introduit aux environs de Paris par des semis de gazons et ils ont constaté que le *Trifolium elegans* a été importé à Satory par les fourrages du camp, ce qui confirme la certitude de son introduction au Conseil d'Etat de la même manière.

Au point de vue de l'influence chimique du sol, si l'on compare le catalogue aux listes de M. Contejean, on trouve les résultats suivants :

> 6 Calcifuges peu exclusives
> 6 — presque indifférentes
> 108 Indifférentes
> 3 Calcicoles presque indifférentes
> 3 — peu exclusives.

On voit que, comme dans la flore du pavé de Paris, les plantes tout-à-fait exclusives sont absentes, et que les plantes indifférentes forment presque toute la végétation.

Il y a, au Conseil d'Etat, plusieurs natures de sol. La grande cour est formée à peu près entièrement

de macadam siliceux plus ou moins défoncé et bor-
dée de pavés. Les petites cours sont pavées. Le
terrain des salles est formé de décombres calcaires
et de plâtras, et les jardins renferment de la terre ordinaire, assez calcaire. Nous allons voir la répartition des plantes préférentes dans ces diverses localités.

La grande cour renferme :

> 4 Calcifuges peu exclusives
> 5 — presque indifférentes
> 2 Calcicoles presque indifférentes.
> 1 — peu exclusive.

Les jardins renferment :

> 1 Calcifuge peu exclusive
> 0 — presque indifférente
> 2 Calcicoles presque indifférentes
> 1 — peu exclusive.

Les salles et le trottoir bitumé renferment :

> 3 Calcifuges peu exclusives
> 2 — presque indifférentes
> 2 Calcicoles presque indifférentes
> 2 — peu exclusives.

Les calcifuges dominent dans la cour, localité
siliceuse presque partout, tandis que les calcicoles
dominent dans les localités calcaires. Dans la dernière liste, une des calcifuges peu exclusives est un

Bouleau implanté dans le trottoir bitumé et dont les racines s'étendent sous ce trottoir. J'ignore si la terre sous-jacente est calcaire ou siliceuse.

Je n'ai trouvé qu'un seul échantillon de *Polypodium vulgare*, implanté dans un carrelage du 1er étage. Le *Tussilago farfara* se rencontre un peu partout ; il est superbe dans la petite cour, où il habite des décombres argileux très humides ; on le trouve aussi dans la grande cour, sur le trottoir de la façade, et même au premier étage, où il croît dans les fentes du carrelage, au-dessus d'un petit plafond en briques ; cette dernière station est loin d'être argileuse et me paraît absolument sèche, aussi la plante n'y atteint pas un grand développement ; néanmoins elle continue à s'y propager. J'ai aussi rencontré cette espèce dans Paris, entre les pavés des quais, et même entre ceux de la place du Carrousel, où elle est aussi très petite et ne peut certainement trouver ni argile ni humidité. On voit par là qu'une plante qui affectionne indubitablement les stations humides et argileuses peut se rencontrer quelquefois dans des localités qui ne présentent aucun de ces caractères, sans que l'on puisse en tirer cette conclusion que la plante est indifférente à la nature physique du sol, car une loi ne peut être basée sur un fait exceptionnel. Il en est de même pour l'influence chimique du sol, et on ne peut pas dire qu'une plante est indifférente à cette influence, parce qu'on l'aura rencontrée exceptionnellement dans un terrain qu'elle évite d'ordinaire.

On a remarqué plus haut que les plantes calcifuges se trouvent presque toutes dans la cour, où elles ont été importées par les fourrages. Il est curieux de rechercher quelles sont les plantes *préférentes* qui ont été apportées par le vent des bords de la Seine ou des autres localités parisiennes. Je ne prendrai pour cela que les espèces assez exclusives.

Sur les 8 calcifuges assez exclusives de Paris, 5 sont rares et pourraient ne pas se retrouver au Conseil d'État, d'autant plus que la localité siliceuse, la cour, est située au milieu des bâtiments et difficilement accessible aux graines apportées par le vent. Si le sol a une influence chimique, les calcifuges de Paris seront donc à peu près exclues du Conseil d'État. Le *Centaurea nigra* seul se rencontre dans la grande cour où il a été importé par les fourrages.

Trois plantes de la même catégorie sont très communes dans Paris, le *Sagina apetala*, le *Rumex acetosella* et le *Secale cereale* ; cependant elles sont absolument absentes du Conseil d'État, tandis que le *Tussilago farfara* et le *Lactuca scariola*, calcicoles peu exclusives, se retrouvent toutes deux dans le palais. L'influence chimique paraît ici d'autant plus évidente, que ces plantes calcifuges ne sont pas absolument exclusives et que cependant elles sont éloignées par la présence du calcaire, tandis qu'elles pullulent sur les bords de la Seine et sur les places pavées de Paris.

Je ferai remarquer que le *Pteris aquilina,* que je n'avais jamais rencontré dans une localité contenant une grande quantité de calcaire, vit en grand nombre dans toute la partie des salles où il y a une épaisseur suffisante de décombres. Je puis certifier qu'il croît dans un terrain calcaire ; deux échantillons du sol pris, l'un au rez-de-chaussée, l'autre au premier étage, entre les racines de la plante, ont décelé de 20 à 25 o/o de carbonate de chaux. C'est la première fois que je rencontre cette espèce dans un terrain franchement calcaire.

La flore des ruines a été souvent étudiée à divers points de vue. Voici les principaux ouvrages qui traitent de ce sujet :

KIRSCHLEGER, *Flore d'Alsace* (voir plus haut p. 23).

LEPAGE, *Des plantes du vieux château et des environs de Gisors* (Mémoire adressé à l'Académie de Médecine et publié avant 1861).

CHATIN (Ad.), *Sur les plantes des vieux châteaux* (Bull. Soc. bot. de Fr. 1861, t. VIII, p. 359).

KIRSCHLEGER, *Sur les plantes des vieux châteaux de la région alsato-vosgienne* (Bull. Soc. bot. de Fr. 1862, t. IX, p. 15).

JOURDAN (Pascal), *Flore murale de la ville de Tlemcen, province d'Oran (Algérie)* (Gazette médic. de l'Algérie et Bull. Soc. climat. alg. 1867).

JOURDAN (Pascal), *Flore murale du tombeau de la chrétienne* (Gazette médic. de l'Algérie et Bull. Soc. climat. alg. 1867).

JOURDAN (Pascal), *Mosaïque de florules rudérales du centre de la France*, 1872.

JOURDAN (Pascal), *Flore murale de la ville d'Alger* (Bull. Soc. climat. alg. 1872).

DEAKIN, *Flora of the Colosseum of Rome*, London, 1873.

On peut ajouter à cette liste les florules lichéniques suivantes :

LAMY DE LA CHAPELLE, *Promenades botaniques sur les clochers de Limoges.*

NYLANDER, *Les Lichens du jardin du Luxembourg*, (Bull. Soc. bot. de Fr. 1866, t. XIII, p. 364).

WEDDELL, *Les Lichens des promenades publiques et en particulier du jardin de Blossac, à Poitiers* (Bull. Soc. bot. de Fr. 1869, t. XVI, p. 194).

Je terminerai en rappelant que M. Camille FLAMMARION a écrit dans le *Figaro*, vers le mois de janvier 1883, un intéressant article sur la flore des Tuileries et du Conseil d'État.

EXPLICATION DES SIGNES.

—

† Espèces indiquées dans l'ancien Paris par les auteurs et non retrouvées en 1883.

†† Espèces indiquées par les auteurs à Paris, en dehors de l'ancienne enceinte.

C. G. COSSON ET GERMAIN, *Flore des environs de Paris.*

Bonnet, BONNET (Edm.), *Petite flore parisienne.*

FLORE
DU PAVÉ DE PARIS

RENONCULACÉES

CLEMATIS L. — [CLÉMATITE].

C. vitalba L. (Herbe aux gueux). — Perrés de l'île des Cygnes.

ANEMONE L. — [ANÉMONE].

† **A. ranunculoides** L. — « Parc de l'Abbaye de Charrone » *(Tourn.)*

ADONIS L.

† **A. autumnalis** L. (Goutte de sang). — « Autour de la salpetriere dans les champs » *(Tourn.)*.

†† « Autour de Belleville » *(Tourn.)*.

RANUNCULUS L. — [RENONCULE].

† **R. auricomus** L. — « Parc de l'Abbaye de Charrone » *(Tourn.)*.

R. acris L. (BASSIN D'OR). — Herborisation du Cours la Reine *(Tourn.)* ; quai de la Conférence ; grilles des arbres, avenue Percier et boulevard Voltaire.

R. repens L. (PIED DE POULE). — Herborisation du Cours la Reine *(Tourn.)* ; quai, rive droite, entre la Concorde et Passy ; quai de la Conférence ; quai de Grenelle ; grilles des arbres, boulevard Saint-Germain.

R. bulbosus L. (PIED DE COQ). — Herborisation du Cours la Reine *(Tourn.)* ; quai, rive droite, entre la Concorde et Passy.

† **R. sceleratus** L. — Herborisation du Cours la Reine *(Tourn.)*.

FICARIA DILL. — [FICAIRE].

† **F. ranunculoides** Mœnch (ÉCLAIRETTE). — Herborisation du Cours la Reine *(Tourn.)*.

AQUILEGIA L. — [ANCOLIE]

A. vulgaris L. (ANCOLIE). — Quai de Grenelle.

PAPAVÉRACÉES

PAPAVER L. — [PAVOT].

P. rhœas L. (COQUELICOT). — Quai, rive droite, entre la Concorde et Passy ; quai de la Conférence ; perrés de l'île des Cygnes ; quai de Grenelle ; quai d'Orsay ; place du Carrousel ; rue du faubourg Saint-Jacques, sur un mur ; boulevard de Bercy, sur un talus en terre.

GLAUCIUM Tournef.

†† **G. luteum** Scop.; *G. flavum* Crantz. — « Vers le bout de la plaine de Bercy dans des lieux bas, d'où l'on a autrefois tiré du sable » *(Tourn.)*.

CHELIDONIUM Tournef. — [CHÉLIDOINE].

C. majus L. (ÉCLAIRE). — Sur les murs, rue du faubourg Saint-Jacques, rue Denfert-Rochereau, avenue de l'Observatoire, boulevard d'Italie près de la place, rue Corvisart.

† Herborisation du Cours la Reine *(Tourn.)*.

FUMARIACÉES

CORYDALIS DC.

† **C. lutea** DC. — Murs du jardin du Luxembourg *(C. G.)*

FUMARIA L. — [FUMETERRE].

†† F. capreolata L. — var. *vulgaris C. G.*
— La Villette *(C. G.)*

F. officinalis L. (Fumeterre). — Boulevard Picpus, dans les allées.

†† « Morison assure que cette plante se trouve à Vaugirard dans les champs parmi les Navets » *(Tourn.)*.

CRUCIFÈRES

RAPHANUS L. — [RADIS].

R. raphanistrum L. (Ravenelle).— Herborisation du Cours la Reine *(Tourn.)*; quai, rive droite, entre la Concorde et Passy; quai de Grenelle ; quai Henri IV, pavés et perrés ; quai d'Austerlitz.

SINAPIS L. — [MOUTARDE].

S. arvensis L. (Moutarde sauvage). — Herborisation du Cours la Reine *(Tourn.)*; quai, rive droite, entre la Concorde et Passy; quai de la Conférence ; quai de Grenelle ; quai d'Orsay ; quai des Orfèvres ; quai Henri IV, pavés et perrés ; quai d'Austerlitz ; place du Carrousel ; cour des Invalides ; autour de l'Arc de Triomphe de l'Étoile.

† S. alba L. (MOUTARDE BLANCHE). — Herborisation du Cours la Reine *(Tourn.)*.

BRASSICA L. -- [CHOU].

B. oleracea L. (CHOU). — Quai d'Orsay.

B. napus L. — var. *esculenta* DC. (NAVET). — Grilles des arbres, boulevard Saint-Germain.

B. asperifolia Lamk.; *B. rapa* L. — var. *oleifera* DC. (NAVETTE). — Quai de Grenelle.

† B. nigra Koch (MOUTARDE NOIRE). — Bords de la Seine, Paris *(C. G.)*.

DIPLOTAXIS DC.

D. tenuifolia DC. — Murs des quais, talus des fortifications et des chemins de fer *(C. G.)*; quai, rive droite, entre la Concorde et Passy ; perrés de l'île des Cygnes ; quai de Grenelle, sur les perrés ; rue du faubourg Saint-Jacques, sur un mur.

†† D. muralis DC. — « Plaines de Grenelle et de Montrouge » *(Tourn.)*; Paris *(C. G.)*.

†† D. bracteata G. G.; *Erucastrum pollichii*

Schimp. et Spenn. — Bords de la Seine près de Grenelle (*Kralik*, in C. G.); Grenelle *(Bonnet)*.

CHEIRANTHUS R. Br. — [GIROFLÉE].

C. cheiri L. (GIROFLÉE JAUNE). — Sur les murs, rue de la Santé, avenue de l'Observatoire, rue Denfert-Rochereau, boulevard de Port-Royal.

ERYSIMUM L.

E. cheiranthoides L. — Quai de Grenelle.

SISYMBRIUM L. — [VÉLAR].

† S. officinale Scop. (VÉLAR). — Herborisation du Cours la Reine *(Tourn.)*.

†† S. supinum L.; *Braya supina* Koch — Paris *(Tourn.)*; Passy (*E. Fournier*, in C. G.); Grenelle *(C. G.)*.

† S. columnæ Jacq. — On le rencontre quelquefois subspontané à Paris, aux alentours du Muséum *(C. G.)*; on ne l'y retrouve plus *(Bonnet)*.

S. irio L. — Herborisation du Cours la Reine *(Tourn.)*; perrés de l'île des Cygnes, du quai de Grenelle et du quai Henri IV.

S. sophia L. (SAGESSE DES CHIRURGIENS). — Sur les murs, rue Corvisart, rue du faubourg Saint-Jacques.

† Herborisation du Cours la Reine *(Tourn.)*.

NASTURTIUM R.Br. — [CRESSON].

N. sylvestre R. Br. (ROQUETTE SAUVAGE). — « Cette plante ne vient pas seulement le long de la Seine, mais dans les cours des maisons, et presque par tous les lieux humides » *(Tourn.)*; quai, rive droite, entre la Concorde et Passy ; quai de la Conférence ; perrés de l'île des Cygnes ; quai de Grenelle ; quai d'Orsay ; quai des Augustins ; quai Henri IV ; quai d'Austerlitz.

N. anceps DC.; *N. sylvestre*, var. *anceps* C. G. — Quai de Grenelle.

†† Bords de la Seine à Grenelle *(Maire,* in *C. G.)*

ARABIS L. — [ARABETTE].

A. perfoliata Lamk.; *Turritis glabra* L. (TOURETTE). — Quai d'Austerlitz.

† **A. turrita** L. — Observé il y a quelques années sur les murs du jardin du Luxembourg, où il avait été introduit *(G. C.)*; a disparu avec les murs.

†† Naturalisé à la gare de Grenelle *(A. Guillon in C. G.)*; n'y existe plus *(Bonnet)*.

ALYSSUM L.

A. incanum L. ; *Berteroa incana* DC. — Quai d'Austerlitz.

RORIPA Bess.

† **R. nasturtioides** Spach; *Nasturtium palustre* DC. — Abondant aux bords de la Seine même dans l'intérieur de Paris *(C. G.)*; bords de la Bièvre à Paris *(de Schœnefeld* in *C. G.)*.

R. amphibia Bess.; *Nasturtium amphibium* R. Br. (RAIFORT AQUATIQUE JAUNE). — Perrés de l'île des Cygnes ; quai, près du Pont-Neuf.

CAMELINA Crantz. — [CAMÉLINE].

† **C. sativa** Crantz (CAMÉLINE). — « Dans le parc de Charrone » *(Tourn.)*.

CALEPINA Adans.

†† **C. corvini** Desv. — Murailles des jardins au Bas-Passy *(Vaill.* in *C. G.)*

ISATIS L. — [PASTEL].

†† **I. tinctoria** L. (PASTEL). — « Belleville e Ménil-montant » *(Tourn.)*.

TEESDALIA R. Br.

†† **T. nudicaulis** R. Br. — « Belleville » *(Tourn.)*.

THLASPI Dill. — [TABOURET].

T. arvense L. (HERBE AUX ÉCUS). — Quai d'Orsay ; quai d'Austerlitz.

T. bursa-pastoris L.; *Capsella bursa-pastoris,* Mœnch (BOURSE A PASTEUR). — Herborisation du Cours la Reine *(Tourn.);* quai, rive droite, entre la Concorde et Passy ; quai de la Conférence ; perrés de l'île des Cygnes ; quai de Grenelle ; quai d'Orsay ; quai des Orfèvres ; quai Henri IV, pavés et perrés ; quai d'Austerlitz ; quai Jemmapes ; quai de Valmy, perrés et talus en terre ; place du Carrousel ; cour des Invalides ; grilles des arbres, avenue Percier ; rue d'Aubigné ; sur les murs, rue Bunant, rue Jenner, rue des Cornes, boulevard d'Italie, rue du faubourg Saint-Jacques, rue des Cordeliers, rue Amyot, rue Boissière.

4

LEPIDIUM L. — [PASSERAGE].

L. sativum L. (CRESSON ALÉNOIS). — Perrés du quai Henri IV.

† L. ruderale L. — Paris : quai Saint-Bernard (*A. Jamain, Larcher* in *C. G.*) ; quai d'Orsay près du Champ-de-Mars (*P. Jamain* in *C. G.*); aux bords des quais (*Bonnet*).

L. graminifolium L. (PETIT PASSERAGE). — Quai de Grenelle.

†† Lepidium draba L. — Butte Montmartre (*Thuill.* in *C. G.*).

SENEBIERA Pers.

S. coronopus Poir. (CORNE DE CERF). — Herborisation du Cours la Reine (*Tourn.*); quai, rive droite, entre la Concorde et Passy ; quai de la Conférence ; perrés de l'ile des Cygnes; quai de Grenelle ; quai des Orfèvres ; quai Henri IV ; quai d'Austerlitz ; quai de Valmy ; talus en terre, boulevard de Bercy, boulevard Piepus.

† S. pinnatifida DC. — S'est naturalisé à Paris au pied des murs du quai Bourbon (*Larcher* in *C. G.*); plante erratique observée quelquefois sur les décombres et les quais (*Bonnet*).

RÉSÉDACÉES

RESEDA L. — [RÉSÉDA].

R. lutea L. (RÉSÉDA SAUVAGE). — Quai, rive droite, entre la Concorde et Passy ; perrés de l'île des Cygnes ; quai de Grenelle.

R. luteola L. (GAUDE). — Perrés de l'île des Cygnes.

SILÉNÉES

SILENE L.

S. inflata Sm.; *S. cucubalus* Wib. (BEHEN BLANC).— Herborisation au Cours la Reine *(Tourn.)*; quai, rive droite, entre la Concorde et Passy ; quai de Grenelle ; place du Carrousel.

†† **S. conica** L. — « Belleville » *(Tourn.)*.

S. armeria L. (PATTES DE MOUCHE). — Perrés du quai Henri IV.

† **S. pratensis** G. G.; *Melandrium dioicum* Rœl.; *M. album* Gke. (COMPAGNON-BLANC). — Herborisation du Cours la Reine *(Tourn.)*.

†† **S. otites** Sm. — « Grande allée qui va du Fauxbourg Saint-Honoré au Pont de Neüilly » *(Tourn.)*.

AGROSTEMMA L.

†† **A. githago** L.; *Lychnis githago* Lamk. (NIELLE). — « Belleville » *(Tourn.)*.

SAPONARIA L. — [SAPONAIRE].

†† S. vaccaria L.— Plaine de Grenelle *(C. G.)*.

ALSINÉÉS

SAGINA L.

S. procumbens L. — « Dans les cours des maisons, dans le parc du Luxembourg » *(Tourn.)*; quai de Grenelle ; quai d'Orsay ; quai des Orfèvres ; place du Carrousel ; cour des Invalides ; fentes des pierres de l'Arc de Triomphe de l'Étoile ; rue d'Aubigné ; rue Geoffroy Saint-Hilaire, sur le mur du Muséum.

S. apetala L. — Quai, rive droite, entre la Concorde et Passy ; quai de la Conférence ; quai d'Orsay ; quai des Tuileries ; perrés du quai Henri IV ; quai d'Austerlitz ; place du Carrousel ; cour des Invalides.

MŒHRINGIA L.

† **Mœhringia muscosa** L. — S'était natu-

ralisé, il y a quelques années, sur les murs du jardin du Luxembourg *(C. G.)*; a disparu avec les murs.

ARENARIA L. — [SABLINE].

A. serpyllifolia L. — Herborisation du Cours la Reine *(Tourn.)*; quai de la Conférence; perrés de l'ile des Cygnes; quai de Grenelle; quai d'Orsay; quai d'Austerlitz; place du Carrousel.

STELLARIA L. — [SABLINE].

S. media Vill. (MOURON DES OISEAUX). — Herborisation du Cours la Reine *(Tourn.)*; quai, rive droite, entre la Concorde et Passy; quai de la Conférence; perrés de l'ile des Cygnes; quai de Grenelle; quai d'Orsay; perrés du quai Henri IV; quai de Valmy, talus en terre; grilles des arbres, avenue d'Antin, boulevard Malesherbes, avenue Percier, boulevard de Vaugirard, boulevard Voltaire; cour des Invalides; autour de l'Arc de Triomphe de l'Étoile; boulevard Picpus, talus en terre et dans les allées; murs, rue Jenner.

HOLOSTEUM L.

†† **H. umbellatum** L. — « Belleville » *(Tourn.)*.

CERASTIUM·L. — [CÉRAISTE].

†† **C. glaucum** Gren. — var. *quaternellum* ; *C. erectum* C. G. — « Belleville » *(Tourn.)*.

C. viscosum L.; *C. glomeratum* Thuill. — Rue d'Aubigné.

C. glutinosum Fries ; *C. pumilum* Curt. — Rue Amyot, sur un mur.

C. vulgatum L.; *C. triviale* Link. — Herborisation du Cours la Reine *(Tourn.)*; quai de la Conférence ; perrés de l'île des Cygnes ; quai de Grenelle ; quai d'Austerlitz ; place du Carrousel ; rue d'Aubigné ; rue Bunant, sur un mur.

C. arvense L. — Herborisation du Cours la Reine *(Tourn.)*; quai, rive droite, entre la Concorde et Passy.

MALACHIUM Fries.

M. aquaticum Fries. — Quai de Grenelle.

SPERGULA L. — [SPARGOUTE].

S. arvensis L. (Spargoute). — Quai de Grenelle ; quai d'Orsay.

SPERGULARIA Pers.

S. rubra Pers.; *S. campestris* Asch. — Quai,

rive droite, entre la Concorde et Passy ; quai de la Conférence ; quai de Grenelle ; quai d'Orsay ; quai d'Austerlitz.

MALVACÉES

MALVA L. — [MAUVE].

M. rotundifolia L. (PETITE MAUVE).— Perrés du quai Henri IV ; quai d'Austerlitz ; boulevard Picpus, talus en terre.

ALTHÆA L. — [GUIMAUVE].

† **A. officinalis** L. (GUIMAUVE). — Herborisation du Cours la Reine *(Tourn.)*.

GÉRANIÉES

GERANIUM L. — [GÉRANIUM].

†† **G. pyrenaicum** L. — Bords de la Seine à Auteuil *(C. G.)*.

G. pusillum L. — Quai, rive droite, entre la Concorde et Passy ; quai d'Austerlitz ; place du Carrousel.

ERODIUM L'Hérit.

E. cicutarium L'Hérit. — Quai, rive droite, entre la Concorde et Passy ; quai de la Conférence ;

boulevard de Bercy, talus en terre ; rue Bunant, sur un mur.

ACÉRINÉES

ACER L. — [ÉRABLE]

†† **A. campestre** L. (ÉRABLE). — « Belleville » *(Tourn.)*.

TÉRÉBINTHACÉES

AILANTUS

A. glandulosa Desf. (VERNIS DU JAPON). — Grilles des arbres, boulevard Bourdon.

PAPILIONACÉES

ONONIS L. — [BUGRANE].

†† **O. natrix** L. (COQSIGRUE). — « Grande allée qui va du Fauxbourg Saint Honoré au pont de Neüilly » *(Tourn.)*.

MEDICAGO L. — [LUZERNE].

M. lupulina L. (LUPULINE). — Herborisation du Cours la Reine *(Tourn.)*; quai, rive droite, entre la Concorde et Passy ; quai de la Conférence ; quai de Grenelle ; quai de Valmy ; place du Carrousel.

M. polycarpa Willd. — var. *apiculata* G. G.;
M. apiculata Willd. — Quai d'Orsay; quai de
Valmy; boulevard de Bercy, talus en terre.

MELILOTUS Tourn. '— [MÉLILOT].

M. officinalis Lamk.; *M. arvensis* Wallr. —
Quai, rive droite, entre la Concorde et Passy,
perrés de l'ile des Cygnes; quai de Grenelle; quai
d'Orsay; quai d'Austerlitz; place du Carrousel;
boulevard de Bercy, talus en terre.

TRIFOLIUM L. — [TRÈFLE].

T. pratense L. (TRÈFLE COMMUN). — Herborisation du Cours la Reine *(Tourn.)*; quai, rive
droite, entre la Concorde et Passy; quai de la Conférence; perrés de l'ile de Cygnes; quai de Grenelle; quai d'Orsay; quai de Valmy; place du
Carrousel.

† **T. fragiferum** L. — Herborisation du Cours
la Reine *(Tourn.)*.

† **T. resupinatum** L. — Plante des régions
maritimes de l'ouest et du midi de la France, a été
observée à Paris dans la cour de l'École des beaux-
arts *(Delavaux* in C. G.).

T. repens L. (TRÈFLE BLANC). — Quai, rive
droite, entre la Concorde et Passy; quai de la Con-

férence ; quai de Grenelle ; quai d'Orsay ; quai Conti ; quai des Augustins ; quai d'Austerlitz ; quai de Valmy, talus en terre ; place du Carrousel ; rue d'Aubigné ; boulevard Picpus, talus en terre ; grilles des arbres, avenue Percier.

† **T. nigrescens** Viv. — Plante de la région méditerranéenne, a été observé à Paris dans la cour de l'École des beaux-arts *(Delavaux)* où il a été introduit *(C. G.)*.

T. filiforme L. ; *T. minus* Relhan (TRÈFLE JAUNE). — Quai, rive droite, entre la Concorde et Passy ; perrés de l'île des Cygnes ; place du Carrousel.

LOTUS L. — [LOTIER].

L. corniculatus L. (PIED DE POULE). — Quai de la Conférence ; perrés de l'île des Cygnes ; quai de Grenelle ; quai d'Orsay ; place du Carrousel ; grilles des arbres, avenue Percier.

VICIA L. — [VESCE].

V. sativa L. (VESCE COMMUNE). — Boulevard Picpus, dans les allées.

V. angustifolia Roth. ; *V. sativa* L. var. *angustifolia* C. G. — Quai de Grenelle ; quai d'Orsay ; boulevard de Bercy, talus en terre.

V. lathyroides L. — Quai d'Orsay ; cour des Invalides ; grilles des arbres, boulevard Voltaire.

CRACCA Riv.

C. major Franken.; *Vicia cracca* L. — Quai de Grenelle.

C. minor Riv.; *Vicia hirsuta* Koch. (PETIT VESCERON). — Quai de la Conférence ; quai d'Austerlitz ; boulevard de Bercy, talus en terre.

ERVUM L. — [ERS].

E. tetraspermum L. ; *Vicia tetrasperma* Mœnch. — Quai d'Austerlitz.

LENS Tourn. — [LENTILLE].

L. esculenta Mœnch.; *Vicia lens* C. G. (LENTILLE). Grilles des arbres, boulevard Voltaire.

LATHYRUS L. — [GESSE.]

L. aphaca L. (POIS DE SERPENT). — Quai de Valmy, talus en terre.

†† **L. nissolia** L. — Montrouge *(Thuill.* in *C. G.)*.

†† **L. tuberosus** L. (GLAND DE TERRE). — Bercy *(C. G.)*.

ORNITHOPUS Desv.

†† O. perpusillus L. (PIED D'OISEAU). — « Belleville » *(Tourn.)*.

ONOBRYCHIS Tournef. — [SAINFOIN].

† O. sativa Lamk. (SAINFOIN, ESPARCETTE). — Herborisation du Cours la Reine *(Tourn.)*.

ROSACÉES

GEUM L. — [BENOITE].

† G. urbanum L. (BENOITE). — Herborisa- du Cours la Reine *(Tourn.)*.

POTENTILLA L. — [POTENTILLE].

P. reptans L. (QUINTEFEUILLE). — Herbori- sation du Cours la Reine *(Tourn.)*; quai, rive droite, entre la Concorde et Passy ; perrés de l'ile des Cygnes ; quai de Grenelle ; quai d'Orsay ; terre- plein du Pont-Neuf ; quai d'Austerlitz ; grilles des arbres, boulevard Saint-Germain.

†† P. pensylvanica L. — Naturalisé à la gare de Grenelle *(Kralik in C. G.)*; a disparu *(Bonnet)*.

P. anserina L. (ANSÉRINE). — Herborisation du Cours la Reine *(Tourn.)*; quai de Grenelle.

†† **P. recta** L. — Gare de Grenelle *(Kralik in C. G.)*.

ONAGRARIÉES

EPILOBIUM L. — [EPILOBE.]

E. parviflorum Schreb. — Quai de Grenelle.

LYTHRARIÉES

LYTHRUM L. — [SALICAIRE].

L. salicaria L. (SALICAIRE). — Perrés de l'ile des Cygnes ; quai de Grenelle.
s.-var. *alternifolium* C. G. — Quai de Grenelle.
s.-var. *verticillatum* C. G. — Quai de Grenelle.

PARONYCHIÉES

POLYCARPON Lœfl.

† **P. tetraphyllum** L. — Abondant entre les pavés de la cour de l'École des Beaux-arts à Paris *(C. G.)*; n'y existe plus *(Bonnet)*.

CORRIGIOLA L.

† **C. littoralis** L. — Bords de la Seine à Paris *(C. G.)*.

SCLERANTHUS L. — [GNAVELLE].

S. annuus L. — Quai d'Orsay.

CRASSULACÉES

SEDUM DC. — [ORPIN].

S. album L. (Trique-Madame). — Perrés de l'île des Cygnes ; sur les murs, rue de Babylone, rue Denfert-Rochereau, avenue de l'Observatoire, boulevard Port-Royal, rue du faubourg Saint-Jacques.

† **S. dasyphyllum** L. — Paris : murs des quais au canal Saint-Martin et de la Seine vers le pont d'Austerlitz *(Vigineix in C. G.)*.

S. acre L. (Poivre de muraille). — Quai, rive droite, entre la Concorde et Passy ; cour des Invalides ; rue Corvisart, sur un mur.

SAXIFRAGÉES

SAXIFRAGA L. — [SAXIFRAGE].

† **S. granulata** L. — « Dans l'Abbaye de Charrone » *(Tourn.)*.

S. tridactylites L. (Perce-pierre). — Perrés du quai Henri IV ; cour des Invalides ; sur les murs, rue Amyot, boulevard Montparnasse, rue Corvisart, rue de Babylone, rue Boissière, rue des Cordeliers, boulevard Port-Royal.

OMBELLIFÈRES

DAUCUS L. — [CAROTTE].

D. carota L. (CAROTTE). — Herborisation du Cours la Reine *(Tourn.)*; perrés de l'île des Cygnes; quai de Grenelle.

TURGENIA Hoffm.

† **T. latifolia** Hoffm. — « Dans le Parc de l'Abbaye de Charronc » *(Tourn.).*

†† « Autour de Belleville et de Ménil-montant ». *(Tourn.).*

TORILIS Hoffm.

† **T. anthriscus** Gmel. — Herborisation du Cours la Reine *(Tourn.).*

† **T. nodosa** Gærtn. — Herborisation du Cours la Reine *(Tourn.).*

CORIANDRUM L. — [CORIANDRE].

† **C. sativum** L. (CORIANDRE). — Chaillot *(C. G.).*

†† Javelle *(C. G.).*

FŒNICULUM Hoffm. — [FENOUIL].

F. vulgare Gærtn.; *F. officinale* All.; *F. capil-*

laceum Gilib. (Fenouil). — Terre-plein du Pont-Neuf.

ÆTHUSA L.

Æ. cynapium L. (Petite Cigue). — Grilles des arbres, boulevard Bourdon.

ŒNANTHE L.

* Œ. peucedanifolia Poll. (Filipendule aquatique). — Quai de la Conférence.

† Œ. phellandrium Lamk. (Cigue aquatique). — « En quantité dans les fossez de la Bastille » *(Tourn.)*.

†† « En quantité dans les lacunes de Bercy » *(Tourn.)*.

BUPLEURUM L. — [BUPLÈVRE].

†† B. rotundifolium L. (Percefeuille). — Montfaucon *(Cornuti in C. G.)*; Bercy *(Vaill. in C. G.)*.

BUNIUM L.

B. carvi Bieb.; *Carum carvi* L. (Carvi). — Quai, rive droite, entre la Concorde et Passy.

* Echantillon unique, sans fleurs ni fruits : la détermination n'est pas absolument certaine.

† **B. bulbocastanum** L.; *Carum bulbocastanum* Koch (TERRE-NOIX). — Montfaucon *(Tourn. in C. G.)*.

AMMI Tournef.

† **A. majus** L. — « Cette plante est très commune le long des hayes, et sur les chaussées, entre entre le Roule et les Champs Elysées » *(Tourn.)*.

† var. *glaucifolium* C. G. — « Sur les chaussées du Cours-la-reine et des Champs Elisées » *(B. de Jussieu in Tourn. in C. G.)*.

SCANDIX Gærtn.

† **S. pecten-veneris** L. (PEIGNE DE VÉNUS). — Herborisation du Cours la Reine *(Tourn.)*.

ANTHRISCUS Hoffm.

A. vulgaris Pers. — Herborisation du Cours la Reine *(Tourn.)*; perrés de l'île des Cygnes; quai de Grenelle; quai Henri IV, perrés; quai d'Austerlitz.

†† **A. sylvestris** Hoffm. — Cimetière du Père-Lachaise; parc aux Ternes *(C. G.)*.

5

CHÆROPHYLLUM L. — [CERFEUIL].

* **C. temulum** L. (CERFEUIL BATARD). — Grilles des arbres, boulevard Bourdon.

SMYRNIUM L.

† **S. olusatrum** L. — « Dans le parc de l'Abbaye de Charrone » *(Tourn.).*

ERYNGIUM L. — [PANICAUT].

E. campestre L. (CHARDON-ROLAND). — Perrés de l'île des Cygnes.

SANICULA Tournef. — [SANICLE].

† **S. europæa** L. (SANICLE). — « Dans l'Abbaye de Charrone au fauxbourg Saint-Antoine » *(Tourn.).*

CAPRIFOLIACÉES

ADOXA L.

† **A. moschatellina** L. (MOSCATELLINE). — « Parc de l'Abbaye de Charrone » *(Tourn.).*

* Echantillon unique, sans fleurs ni fruits : la détermination n'est pas absolument certaine.

SAMBUCUS Tournef. — [SUREAU].

† **S. nigra** L. (SUREAU). — Herborisation du Cours la Reine *(Tourn.)*.

var. *laciniata*. — Quai Henri IV, perrés.

RUBIACÉES

RUBIA L. — [GARANCE].

† **R. tinctorum** L. (GARANCE). — Faubourg Saint-Denis *(Gogot* in *C. G.)*.

†† Berges du canal de l'Ourcq à La Villette *(P. Jamain* in *C. G.)*.

GALIUM L. — [GAILLET].

†† **G. cruciata** Scop. (CROISETTE).— « Dans les taillis, à Belleville ; à Ménil-montant » *(Tourn.)*.

G. verum L. (GAILLET JAUNE). — Quai, rive droite, entre la Concorde et Passy.

G. elatum Thuill. ; *G. mollugo* L. var. *elatum* C. G. (CAILLE-LAIT BLANC). — Perrés de l'ile des Cygnes ; quai de Grenelle ; grilles des arbres, avenue Percier.

G. palustre L. — Quai, rive droite, entre la Concorde et Passy ; quai de Grenelle ; quai, près du Pont-Neuf ; quai Henri IV, perrés.

G. aparine L. (GRATERON). — Perrés de l'île des Cygnes ; quai d'Austerlitz ; grilles des arbres, avenue Percier, boulevard Saint-Germain ; boulevard d'Italie, sur un mur.

G. tricorne With. — Quai, rive droite, entre la Concorde et Passy ; quai de Grenelle.

ASPERULA L.

†† **A. arvensis** L. — Passy *(E. Fournier in C. G.)*.

SHERARDIA L.

S. arvensis L. — Place du Carrousel.

VALÉRIANÉES

VALERIANELLA Poll. — [VALÉRIANELLE].

V. olitoria Poll. (MACHE). — Perrés du quai Henri IV.

†† **V. eriocarpa** Desv. — Cultures à la barrière Saint-Jacques *(Kralik in C. G.)*.

SYNANTHÉRÉES

TUSSILAGO L. — [TUSSILAGE].

T. farfara L. (PAS D'ANE). — Quai de Gre-

nelle; quai des Augustins; place du Carrousel;
Cour des Invalides.

ERIGERON L. — [VERGERETTE].

E. canadensis L. — Quai, rive droite, entre
la Concorde et Passy; perrés de l'île des Cygnes;
quai de Grenelle; terre-plein du Pont-Neuf; quai
des Augustins; quai d'Austerlitz; place du Carrousel; cour des Invalides; grilles des arbres, avenue
Percier; boulevard de Bercy, talus en terre.

BELLIS L. — [PAQUERETTE].

B. perennis L. (PAQUERETTE). — Place du
Carrousel.

SENECIO L. — [SENEÇON].

S. vulgaris L. (SENEÇON). — Herborisation
du Cours la Reine *(Tourn.)*; quai, rive droite,
entre la Concorde et Passy; quai de Grenelle;
terre-plein du Pont-Neuf; quai Henri IV, perrés;
quai d'Austerlitz; place du Carrousel; cour des
Invalides; autour de l'Arc de Triomphe de l'Étoile;
rue d'Aubigné; boulevard de Bercy, talus en terre;
sur les murs, rue des Cornes, boulevard d'Italie,
rue des Cordeliers, rue Boissière, rue du Bouquet
de Lonchamp.

ARTEMISIA L. — [ARMOISE].

A. vulgaris L. (ARMOISE). — Quai de Grenelle.

†† A. campestris L. — « Autour de Belle-ville et de Ménil-montant » (*Tourn.*).

TANACETUM Less. — [TANAISIE].

T. vulgare L. (TANAISIE). — Perrés de l'île des Cygnes ; quai de Grenelle ; quai Henri IV, perrés ; quai d'Austerlitz.

LEUCANTHEMUM Tournef.

L. vulgare Lamk.; *Pyrethrum leucanthemum* C. G. (GRANDE MARGUERITE). — Quai, rive droite, entre la Concorde et Passy ; quai de Valmy, talus en terre ; place du Carrousel ; boulevard de Bercy, talus en terre.

MATRICARIA L. — [MATRICAIRE].

M. chamomilla L. (CAMOMILLE COMMUNE). — Quai, rive droite, entre la Concorde et Passy ; quai de Grenelle ; quai d'Orsay ; quai d'Austerlitz.

M. inodora L. — Quai d'Orsay.

CHAMOMILLA Godr.

†† C. mixta G. G.; *Ormenis mixta* DC. —

Bords de la Seine : Bercy ; Passy *(De Leus in C. G.)*.

ANTHEMIS L.

A. cotula L. (MAROUTE). — Quai, rive droite, entre la Concorde et Passy ; quai de Grenelle ; quai d'Austerlitz ; place du Carrousel ; rue Corvisart, sur un mur.

ACHILLEA L. — [ACHILLÉE].

A. millefolium L. (MILLEFEUILLE). — Quai, rive droite, entre la Concorde et Passy ; quai de la Conférence ; perrés de l'île des Cygnes ; quai de Grenelle ; quai Conti ; quai d'Austerlitz ; place du Carrousel ; grilles des arbres, boulevard de Vaugirard.

BIDENS L.

B. tripartita L. (CHANVRE D'EAU). — Perrés de l'île des Cygnes ; quai de Grenelle.

† **B. cernua** L. — Bords de la Seine à Paris vers le pont d'Austerlitz *(C. G.)*.

INULA L.

I. britannica L. — Herborisation du Cours la Reine *(Tourn.);* quai, rive droite, entre la Concorde et Passy ; quai de Grenelle.

GNAPHALIUM Don.

G. uliginosum L.; *Gamochæta sylvatica* Wedd. — Quai d'Austerlitz.

ECHINOPS L.

†† **E. sphœrocephalus** L. — Paris, auprès de l'ancienne barrière du Trône *(Vigincix in C. G.)*.

SILYBUM Vaill.

† **S. marianum** Gærtn. (CHARDON-MARIE). — Chaillot *(Cornuti, B. de Juss. in Tourn. in C. G.)*.

ONOPORDON Vaill.

† **O. acanthium** L. (CHARDON AUX ANES). — Herborisation du Cours la Reine *(Tourn.)*; « Sur les remparts de la ville » *(Tourn.)*.

CIRSIUM Tournef. — [CIRSE].

C. lanceolatum Scop. — Quai, rive droite, entre la Concorde et Passy ; quai de Grenelle ; boulevard de Picpus, talus en terre.

C. arvense Lamk. (CHARDON HÉMORRHOÏDAL). — Quai, rive droite, entre la Concorde et Passy ; perrés de l'île des Cygnes ; quai de Grenelle ; quai d'Orsay ; boulevard de Bercy, talus en terre.

CARDUUS Gærtn. — [CHARDON].

C. tenuiflorus Sm. — Très abondant dans Paris *(C. G.)*; perrés de l'île des Cygnes; quai de Grenelle ; talus en terre, quai de Valmy, boulevard de Bercy.

C. crispus L.— « Sur les remparts de la ville » *(Tourn.)*; quai de Grenelle.

† **C. acanthoïdes** L. ; *C. nutans L.* var. *acanthoides C. G.* — « Sur les remparts de la ville » *(Tourn.)*.

† **C. nutans** L. — Herborisation du Cours-la-Reine *(Tourn.)*.

CENTAUREA L. — [CENTAURÉE].

C. amara Thuill.; *C. jacea C. G.* var. *jacea C. G.,* s.-var. *serotina C. G.* — Perrés de l'île des Cygnes.

† **C. jacea** L. — var. *jacea C. G.* — Herborisation du Cours la Reine *(Tourn.)*.

C. nigrescens Willd.; *C. jacea C. G.;* var. *intermedia C. G.* — Perrés de l'île des Cygnes.

C. nigra L.; *C. jacea C. G.* var. *nigra C. G.* — Quai, rive droite, entre la Concorde et Passy, quai de la Conférence.

C. cyanus L. (BLEUET). — Quai d'Austerlitz ; place du Carrousel.

C. calcitrapa L. (CHAUSSE-TRAPE). — Herborisation du Cours la Reine *(Tourn.)*; champ de Mars *(Gogot* in *C. G.);* quai de la Conférence.

†† **C. solstitialis** L. — « Autour de Vaugirard et dans la plaine de Grénelle et de Montrouge » *(Tourn.)* ; talus des fortifications à Batignolles *(Bonnet* in *C. G.);* Grenelle *(C. G.).*

LAPPA Tournef. — [BARDANE].

* **L. communis** *C. G.; L. minor* DC., *L. major* Gærtn., *L. tomentosa* Lamk. (BARDANE). — Quai, rive droite, entre la Concorde et Passy ; perrés de l'île des Cygnes ; quai de Grenelle ; quai Conti ; quai des Augustins ; quai Henri IV, perrés ; autour de l'Arc de Triomphe de l'Étoile.

CICHORIUM L. — [CHICORÉE].

C. intybus L. (CHICORÉE SAUVAGE). — Quai de Grenelle.

APOSERIS Neck.

†† **A. fœtida** Less. — « Porte Saint Antoine,

---

* La plante étant détruite, chaque année, avant sa floraison, il n'est pas possible d'en déterminer les variétés.

utour de l'Arc de Triomphe, et dans les allées qui onduisent à Vincennes » *(Tourn.)*.

Plante des Alpes élevées, qui ressemble à une orme du *Taraxacum officinale*. C'est par suite d'une onfusion faite par Bauhin entre ces deux formes, [ue Tournefort l'indique ici.

LAMPSANA L. — [LAMPSANE].

L. communis L. (LAMPSANE). — Quai, rive lroite, entre la Concorde et Passy ; quai de Grelelle ; quai Henri IV, perrés et pavés.

HELMINTHIA Juss.

†† **H. echioides** Gærtn. — Montrouge *Rhodde* in *C. G.)*.

TRAGOPOGON L. — [SALSIFIS].

†† **T. major** Jacq.; *T. dubius* Scop. — Vaugiard *(C. G.)*.

CHONDRILLA L.

†† **C. juncea** L. — « Autour de Vaugirard, ans la plaine de Grenelle et de Montrouge » *Tourn.)*.

TARAXACUM Juss. — [PISSENLIT].

T. officinale Wigg.; *T. dens-leonis* Desf. (Pis-

SENLIT). — Quai, rive droite, entre la Concorde e
Passy ; quai de Grenelle ; quai d'Orsay ; terre-plei
du Pont-Neuf ; quai des Orfèvres ; quai des Augus
tins; quai Henri IV, pavés et perrés ; quai d'Auster
litz ; quai de Valmy, talus en terre ; place du Car
rousel ; cour des Invalides ; autour de l'Arc d
Triomphe de l'Étoile ; grilles des arbres, avenu
Percier, boulevard Saint-Germain, boulevard d
Vaugirard, boulevard Voltaire ; boulevard de Bercy
talus en terre ; boulevard Picpus, dans les allées
sur les murs, boulevard d'Italie, avenue de l'Obser
vatoire, rue Denfert-Rochereau.

LACTUCA L. — [LAITUE].

† L. saligna L. — « Autour de la Rapée
(*Tourn.*).

L. scariola L. — var. *scariola* C. G. —
Perrés de l'île des Cygnes ; quai de Grenelle ; plac
du Carrousel.

SONCHUS L. — [LAITERON].

S. oleraceus L. (LAITERON). — Perrés de l'il
des Cygnes ; terre-plein du Pont-Neuf; qua
Henri IV, perrés ; pavés, en entrant aux Invalides
autour de l'Arc de Triomphe de l'Étoile ; grilles de
arbrés, avenue Percier, boulevard Saint-Germain

oulevard Voltaire ; boulevard d'Italie, sur un mur.

S. asper Vill. (LAITERON). — Quai, rive droite, ntre la Concorde et Passy ; quai de la Conférence ; errés de l'île des Cygnes ; quai d'Austerlitz ; cour es Invalides ; grilles des arbres, avenue Percier, oulevard Saint-Germain ; boulevard de Bercy, talus n terre.

CREPIS L.

C. taraxacifolia Thuill.; *Barkhausia taraxaci-* *olia* DC. — Quai de Grenelle.

†† **C. fœtida** L.; *Barkhausia fœtida* DC. — Plaine de Bercy » *(Tourn.)*.

C. virens Vill.; *C. polymorpha* Wallr. — Quai, ive droite, entre la Concorde et Passy; quai de Grenelle ; cour des Invalides ; boulevard de Bercy, alus en terre ; sur les murs, avenue de l'Observa- oire, rue Denfert-Rochereau.

C. tectorum L. — Quai, rive droite, entre la Concorde et Passy.

AMBROSIACÉES

XANTHIUM Tournef. — [LAMPOURDE].

† **X. strumarium** L. (GLOUTERON).— Paris : bords de la Seine au Pont-Neuf *(C. G.)*; Champs-

Élysées *(Maire* in *C. G.)*.

†† Belleville *(Brice* in *C. G.)*; Javelle *(de Schœne-feld* in *C. G.)*.

† **X. spinosum** L. — Paris : décombres du jardin du Luxembourg *(Larcher* in *C. G.)*; Champs Elysées *(C. G.)*; environs du Muséum *(C. G.)*.

CAMPANULACÉES

SPECULARIA Heist.

† **S. hybrida** Alph. DC. — Autour de la Sal-pêtrière *(Vaill.* in *C. G.)*.

†† Vaugirard *(Vaill.* in *C. G.)*, Grenelle, Mont-rouge *(C. G.)*.

CAMPANULA L. — [CAMPANULE].

† **C. rotundifolia** L. — Herborisation du Cours la Reine *(Tourn.)*.

C. pyramidalis L. — Sur les murs, rue Lho-mond, boulevard d'Italie, près de la place.

PRIMULACÉES

PRIMULA L. — [PRIMEVÈRE].

†† **P. officinalis** Jacq. (Coucou). — « Belle-ville » *(Tourn.)*.

ANAGALLIS Tournef. — [MOURON].

A. arvensis L. — Herborisation du Cours la Reine *(Tourn.)*; quai de Grenelle; quai d'Orsay; quai Henri IV; quai d'Austerlitz.

SAMOLUS Tournef.

† **S. valerandi** L. (MOURON D'EAU). — Paris aux bords de la Seine *(C. G.)*.

GENTIANACÉES

MENYANTHES Tournef.

† **M. trifoliata** L. (TRÈFLE D'EAU). — « On voit quelquefois cette plante le long de la rivière des Gobelins, au-dessous de la maison de santé » *(Tourn.)*.

CONVOLVULACÉES

CONVOLVULUS L. — [LISERON].

C. arvensis L. (PETIT LISERON). — Quai, rive droite, entre la Concorde et Passy; perrés de l'île des Cygnes; quai de Grenelle; quai d'Orsay; terre-plein du Pont-Neuf; quai Henri IV; quai de Valmy, perrés et talus en terre; grilles des arbres, avenue Percier.

CUSCUTA Tourn. — [CUSCUTE].

† C. epithymum Murray (TEIGNE). — « Ne se trouve pas seulement sur le Thim que l'on emploie dans les jardins pour faire des bordures ; mais sur celui que l'on cultive à la campagne entre la porte Saint Denys et la porte Saint Martin » *(Tourn.).*

BORRAGINÉES

SYMPHYTUM Tournef. — [CONSOUDE].

S. official·ale L. (GRANDE CONSOUDE). — Quai de Billy.

LITHOSPERMUM Tournef. — [GRÉMIL].

†† L. arvense L. — « Belleville, Ménilmontant » *(Tourn.);* Grenelle *(C. G.).*

ECHIUM Tournef. — [VIPÉRINE].

E. vulgare L. (VIPÉRINE). — Place du Carrousel.

ECHINOSPERMUM Sw.

† E. lappula Lehm.; *Lappula myosotis* Mœnch (BARDANETTE). — Paris, boulevard Mont-Parnasse *(C. G.).*

†† Grenelle *(C. G.).*

ASPERUGO Tournef. — [RAPETTE].

† **A. procumbens** L. (RAPETTE). — « Pin-cour » *(Tourn.)*; Paris, env. des Invalides et du Champ de Mars *(C. G.)*.

†† « Belleville, Ménil-montant » *(Tourn.)*; Grenelle *(C. G.)*.

SOLANÉES

LYCIUM L. — [LYCIET].

L. barbarum L. (LYCIET). — Rue Geoffroy-Saint-Hilaire, sur le mur du Muséum.

SOLANUM L. — [MORELLE].

S. nigrum L. (MORELLE NOIRE). — Herborisation du Cours la Reine *(Tourn.)*; quai, rive droite, entre la Concorde et Passy ; quai de Grenelle ; quai de Valmy ; place du Carrousel.

† var. *miniatum* Mert. et Koch. — Herborisation du Cours la Reine *(Tourn.)*.

†† Grenelle *(Mandon in C. G.)*.

† **S. villosum** Lamk.; *S. nigrum* L. var. *villosum* C. G. — Naturalisé aux environs du Muséum *(C. G.)*.

6

S. dulcamara L. (Douce-amère). — Herborisation du Cours la Reine *(Tourn.)* ; quai de Grenelle ; boulevard Picpus, dans les allées ; sur les murs, avenue de l'Observatoire, rue du Faubourg Saint-Jacques, rue Denfert-Rochereau.

LYCOPERSICUM

L. esculentum Dun. (Tomate). — Quai de Grenelle.

SCROPHULARIACÉES

SCROPHULARIA Tournef. — [SCROFULAIRE].

S. nodosa L. (Grande Scrofulaire). — Quai de Billy.

S. aquatica L. (Scrofulaire). — Perrés de l'île des Cygnes ; quai de Grenelle.

LINARIA Tournef. — [LINAIRE].

L. cymbalaria Mill. (Cymbalaire). — Quai, rive droite, entre la Concorde et Passy ; sur les murs, rue Amyot, rue Denfert-Rochereau, rue du faubourg Saint-Jacques.

†† **L. elatine** Desf. (Elatine). — « Plaine de Grenelle et de Montrouge » *(Tourn.)*.

L. vulgaris Mœnch (LINAIRE). — Quai, rive droite, entre la Concorde et Passy ; perrés de l'île des Cygnes ; quai de Grenelle ; quai d'Orsay ; quai d'Austerlitz.

L. supina Desf.; *L. filiformis* Mœnch. — Quai d'Orsay.

†† « Dans la grande allée qui va du fauxbourg Saint Honoré au Pont de Neüilly » *(Tourn.)*.

L. minor Desf.; *L. viscida* Mœnch. — Quai de la Conférence ; quai de Billy ; quai de Passy ; quai de Grenelle ; terre-plein du Pont-Neuf.

GRATIOLA L. — [GRATIOLE].

†† **G. officinalis** L. (HERBE AU PAUVRE HOMME). — Bords de la Seine au-dessous de Passy (*B. de Juss.* in *Tourn*. in *C. G.*).

VERONICA Tournef. — [VÉRONIQUE].

V. arvensis L. — Quai, rive droite, entre la Concorde et Passy ; quai de Grenelle ; cour des Invalides.

†† **V. præcox** All. — Grenelle *(Vigineix* in *C. G.*).

† **V. persica** Poir. — Naturalisé dans les gazons du Muséum (*C. G.*).

LIMOSELLA L. — |LIMOSELLE|.

† **L. aquatica** L. — Alluvions de la Seine près du Pont-Neuf (C. G.).

†† Grenelle (C. G.).

LABIÉES

LYCOPUS L.

L. europæus L. (MARRUBE AQUATIQUE). — Quai, rive droite, entre la Concorde et Passy; perrés de l'île des Cygnes; quai de Grenelle.

CALAMINTHA Mœnch. — [CALAMENT].

†† **C. acinos** Gaud. — « Dans la grande allée qui va du Fauxbourg Saint Honoré au Pont de Neüilly » (Tourn.); « plaine de Bercy » (Tourn.).

SALVIA L. — |SAUGE|.

†† **S. sclarea** L. (SCLARÉE). — Auteuil, vers l'entrée du bois de Boulogne (Vaill. in C. G.).

† **S. pratensis** L. — Herborisation du Cours la Reine (Tourn.).

LAMIUM L. — |LAMIER|.

L. amplexicaule L. (PAS DE POULE).— Quai,

rive droite, entre la Concorde et Passy ; quai de la Conférence ; perrés de l'île des Cygnes ; quai de Grenelle ; quai Henri IV, perrés ; quai de Valmy, talus en terre ; boulevard Picpus ; dans les allées.

VERBÉNACÉES

VERBENA Tournef. — [VERVEINE].

V. officinalis L. (VERVEINE). — Herborisation du Cours la Reine *(Tourn.)* ; quai, rive droite, entre la Concorde et Passy ; quai de Grenelle ; terre-plein du Pont-Neuf.

PLANTAGINÉES

PLANTAGO L. — [PLANTAIN].

P. major L. (GRAND PLANTAIN). — Quai de de Grenelle ; quai d'Orsay ; quai Conti ; quai des Augustins; terre-plein du Pont-Neuf; quai Henri IV, perrés et pavés ; quai d'Austerlitz ; place du Carrousel; grilles des arbres, boulevard Saint-Germain, avenue Percier ; autour de l'Arc de Triomphe de l'Étoile.

P. media L. (PLANTAIN BATARD). — Quai, rive droite, entre la Concorde et Passy ; place du Carrousel.

P. lanceolata L. — Quai, rive droite, entre

la Concorde et Passy ; perrés de l'île des Cygnes ;
quai de Grenelle ; quai d'Orsay ; quai des Augustins ; quai Henri IV ; quai d'Austerlitz ; quais de
de Valmy et Jemmapes ; place du Carrousel ; grilles
des arbres, avenue Percier ; boulevard de Bercy,
talus en terre.

AMARANTACÉES

AMARANTUS L. — [AMARANTE].

A. deflexus L. ; *Euxolus deflexus* Rafin. —
Elle existait, il y a peu d'années, avant les travaux
de percement de la nouvelle rue de Rivoli, aux environs du Louvre, au pied d'un mur où elle était
très abondante dans un espace restreint ; elle a été
observée dans les décombres aux environs du
Muséum ; elle a été retrouvée récemment à plusieurs endroits le long du canal Saint-Martin *(Larcher in C. G.);* gare du canal Saint-Martin, près de
la Bastille, entre les pavés. Cette espèce se maintient depuis longtemps dans cette localité, car j'en
possède des échantillons recueillis en 1858, 1863,
1874 et 1883.

A. blitum G. G. non L. ; *Euxolus viridis* Moq. ;
Euxolus blitum Gren. — Quai, rive droite, entre la
Concorde et Passy.

A. retroflexus L. — Quai, rive droite, entre la Concorde et Passy ; quai de Grenelle ; place du Carrousel.

SALSOLACÉES

ATRIPLEX Tournef. — [ARROCHE].

† **A. nitens** Rebent. — A été observé à Paris, au voisinage des jardins botaniques *(C. G.)*.

A. hastata L.; *A. patula* L. var. *hastata* C. G. — Herborisation du Cours la Reine *(Tourn).;* quai de la Conférence; perrés de l'ile des Cygnes; quai de Grenelle ; quai d'Orsay.

A. patula L. var. *patula* C. G. — Herborisation du Cours la Reine *(Tourn.);* quai de Grenelle.

† **A. littoralis** L. — Herborisation du Cours la Reine *(Tourn.)* *.

CHENOPODIUM L. — [ANSÉRINE].

† **C. ambrosioides** L. (THÉ DU MEXIQUE). — A été observé à Paris au voisinage des jardins botaniques *(C. G.)*.

C. polyspermum L. — Quai, rive droite, entre la Concorde et Passy ; quai de Grenelle.

*Ne serait-ce pas plutôt la var. *angustissima* Wallr. de l'*A. patula* L. ?

C. vulvaria L. (VULVAIRE).— Quai de Valmy; autour de l'Arc de Triomphe de l'Étoile.

† Herborisation du Cours la Reine *(Tourn.).*

† **C. ficifolium** Sm. — S'est naturalisé au voisinage des jardins botaniques à Paris *(C. G.).*

C. album L. (POULE-GRASSE). — Herborisation du Cours la Reine *(Tourn.);* quai, rive droite, entre la Concorde et Passy ; quai de Grenelle ; quai d'Orsay ; place du Carrousel ; grilles des arbres, avenue Percier ; boulevard Picpus, dans les allées.

† **C. opulifolium** Schrad. — Paris : env. du Muséum ; rue Saint-Victor ; rue de Lyon ; talus du pont d'Austerlitz *(C. G.);* pont d'Iéna *(Decaisne* in *C. G.).*

C. murale L. — Herborisation du Cours la Reine *(Tourn.);* quai, rive droite, entre la Concorde et Passy ; quai de la Conférence ; quai de Grenelle ; gare du Canal Saint-Martin, près de la Bastille ; boulevard Picpus, dans les allées ; autour de l'Arc de triomphe de l'Étoile.

† **C. glaucum** L. — « Au-delà de la Porte Saint-Bernard, presque tout le long de la Seine » *(Tourn.).*

† **C. rubrum** L.; *Blitum rubrum* Rchb. — Herborisation du Cours la Reine *(Tourn.).*

†† Bords de la Seine à Grenelle *(C. G.).*

SUÆDA Forsk.

† **S. fruticosa** Forsk. — A été observé, il y a quelques années, au bord de la Seine, dans le voisinage du Louvre, où les graines de la plante avaient été apportées accidentellement avec les marchandises ; mais il n'a pas persisté dans cette localité (*C. G.*).

POLYGONÉES

RUMEX L. — [PATIENCE].

†† **R. palustris** Sm. — Bords de la Seine : à Grenelle (*Durieu de Maisonneuve* in C. G.).

† **R. pulcher** L. — Herborisation du Cours la Reine (*Tourn.*).

R. friesii G.G. ; *R. obtusifolius* DC. (PATIENCE SAUVAGE). — Quai de Grenelle ; quai d'Orsay ; quai Conti ; quai des Augustins ; quai des Orfèvres ; boulevard Picpus, dans les allées.

R. conglomeratus Murr. — Quai, rive droite, entre la Concorde et Passy ; quai de la Conférence ; perrés de l'île des Cygnes ; quai de Grenelle ; quai d'Austerslitz.

† **R. nemorosus** Schrad. ; *R. sanguineus* L. (SANG DE DRAGON). — Herborisation du Cours la Reine (*Tourn.*).

R. crispus L. (PATIENCE CRÉPUE). — Herborisation du Cours la Reine *(Tourn.);* quai, rive droite, entre la Concorde et Passy ; quai de la Conférence ; perrés de l'île des Cygnes ; quai de Grenelle ; quai d'Orsay ; quai Henri IV ; quai d'Austerlitz ; place du Carrousel ; boulevard de Bercy, talus en terre.

R. hydrolapathum Huds. (PATIENCE AQUATIQUE).— Herborisation du Cours la Reine *(Tourn.);* quai, rive droite, entre la Concorde et Passy.

R. acetosa L. (OSEILLE). — Herborisation du Cours la Reine *(Tourn.);* perrés de l'île des Cygnes ; quai de Grenelle.

R. acetosella L. (PETITE OSEILLE). — Quai, rive droite, entre la Concorde et Passy ; quai de la Conférence ; quai de Grenelle ; place du Carrousel ; grilles des arbre, avenue Percier.

s.-var. *angustifolius*. — Quai de la Conférence ; quai de Grenelle.

s.-var. *fissus*. — Quai d'Austerlitz.

POLYGONUM L. — |RENOUÉE].

P. amphibium L. — var. *terrestris* Mœnch. — Quai, rive droite, entre la Concorde et Passy ; quai de la Conférence ; quai de Grenelle.

P. lapathifolium L. — Place du Carrousel. var. *nodosum*. — Quai, rive droite, entre la

Concorde et Passy; quai de Grenelle ; quai d'Orsay; quai Henri IV.

var. *incanum*. — Quai de Grenelle ; quai d'Austerlitz.

P. persicaria L. (PERSICAIRE). — Herborisation du Cours la Reine *(Tourn.)* ; quai de Grenelle ; quai d'Austerlitz.

P. mite Schrank. — Quai de Grenelle.

P. aviculare L. (TRAINASSE). — Herborisation du Cours la Reine *(Tourn.)*; quai de la Conférence ; quai de Billy ; quai de Passy ; perrés de l'ile des Cygnes ; quai de Grenelle ; quai d'Orsay ; terreplein du Pont-Neuf ; quai des Orfèvres ; quai Henri IV ; quai d'Austerlitz ; place du Carrousel ; autour de l'Arc de Triomphe de l'Étoile ; boulevard Picpus, autour des arbres.

P. convolvulus L. (FAUX LISERON). — Perrés de l'ile des Cygnes ; quai d'Austerlitz ; grilles des arbres, boulevard Saint-Germain.

P. fagopyrum L. ; *Fagopyrum esculentum* Mœnch (SARRASIN). — Boulevard Picpus, dans les allées.

ARISTOLOCHIÉES

ARISTOLOCHIA Tournef. — [ARISTOLOCHE].

A. clematitis L. — Quai de la Conférence ; perrés de l'ile des Cygnes.

† « Dans les fossez de la Bastille » *(Tourn.)*.

EUPHORBIACÉES

EUPHORBIA L. — [EUPHORBE].

† **E. chamæsyce** L. — S'est naturalisé dans les plantes-bandes du jardin du Muséum *(C. G.)*; s'y maintient *(Bonnet.)*.

† **E. helioscopia** L. (Réveil-matin). — Herborisation du Cours-la-Reine *(Tourn.)*.

† **E. exigua** L. — Herborisation du Cours la Reine *(Tourn.)*; «dans les champs parmi le Chaume, du costé de Chaillot, et de Passy » *(Tourn.)*.

E. peplus L. — Quai, rive droite, entre la Concorde et Passy; quai de la Conférence; quai des Tuileries; terre-plein du Pont-Neuf; quai Henri IV; quai d'Austerlitz; grilles des arbres, boulevard Saint-Germain.

MERCURIALIS Tournef. — [MERCURIALE].

M. annua L. (Mercuriale). — Quai, rive droite, entre la Concorde et Passy; quai de la Conférence; quai de Grenelle; terre-plein du Pont-Neuf; quai Henri IV; grilles des arbres, avenue Percier; boulevard Picpus, dans les allées.

ULMACÉES

ULMUS L. — [ORME].

U. campestris L. (ORME). — Quai, rive droite, entre la Concorde et Passy ; perrés de l'île des Cygnes ; quai de Grenelle.

URTICÉES

URTICA Tournef. — [ORTIE].

U. urens L. (PETITE ORTIE). — Herborisation du Cours la Reine *(Tourn.)*; un peu partout sur les berges de la Seine ; boulevard Picpus, dans les allées.

U. dioica L. (GRANDE ORTIE). — Herborisation du Cours la Reine *(Tourn.)*; un peu partout sur les berges de la Seine ; perrés de l'île des Cygnes.

† **U. pilulifera** L. (ORTIE ROMAINE). — Paris : boulevard de l'Hôpital *(Bonnet in C. G.)*; subspontané au voisinage du Muséum, dans les décombres *(C. G.)*.

PARIETARIA Tournef. — [PARIÉTAIRE].

P. diffusa Mert. et Koch ; *P. officinalis* L. var. *diffusa C. G.* (PARIÉTAIRE). — Perrés du quai

Henri IV ; rue Corvisart, sur un mur ; rue Geoffroy Saint-Hilaire, sur le mur du Muséum.

† Herborisation du Cours la Reine *(Tourn.).*

CANNABINÉES

CANNABIS Tournef. — [CHANVRE].

C. sativa L. (CHANVRE). — Quai de Grenelle ; terre-plein du Pont-Neuf, perrés ; boulevard Piepus, dans les allées ; grilles des arbres, boulevard Voltaire.

HUMULUS L. — [HOUBLON].

H. lupulus L. (HOUBLON).— Quai de Grenelle.

SALICINÉES

SALIX Tournef. — [SAULE].

†† **S. rubra** Huds. (OSIER ROUGE). — Grenelle *(Maire in C. G.)*.

S. caprea L. (MARSAULT). — Quai de la Conférence ; quai de Grenelle.

S. aurita L. — Quai de Grenelle.

PLATANÉES

PLATANUS L. — [PLATANE].

P. acerifolia Willd. (PLATANE). — Quai, rive droite, entre la Concorde et Passy ; quai de Grenelle.

LILIACÉES

TULIPA Tournef. — [TULIPE].

†† **T. sylvestris** L. — Très abondant dans un parc aux Ternes *(de Parseval in C. G.)*.

GAGEA Salisb.

† **G. arvensis** Schult. — « Autour de la Justice de Montfaucon et dans le parc de Rambouillet au fauxbourg Saint-Antoine » *(Tourn.)*; Grenelle *(C. G.)*.

ALLIUM L. — [AIL].

A. vineale L. — s.-var. *compactum* C. G. (OIGNON BATARD). — Perrés de l'île des Cygnes.

†† **A. ursinum** L. (AIL DES BOIS). — Ménilmontant *(C. G.)*.

†† **A. fallax** Rœmer et Schultz. — Bords de la Seine à Grenelle *(C. G.)*.

ENDYMION Dumort.

†† **E. nutans** Dumort.; *E. non-scriptus* Gke. (JACINTHE DES BOIS).— « Bois à Belleville » *(Tourn.)*.

SMILACÉES

CONVALLARIA L. — [MUGUET].

†† **C. maialis** L. (MUGUET). — « Belleville » *(Tourn.)*.

ASPERAGUS L. — [ASPERGE].

A. officinalis L. (ASPERGE). — Perrés de l'ile des Cygnes.

ORCHIDÉES

CEPHALANTHERA L.

✝ **C. grandiflora** Babingt. — « Dans le parc de l'Abbaye de Charrone » *(Tourn.)*.

LISTERA R. Br.

✝ **L. ovata** R. Br.; *Neottia ovata* Bluff et Fingerh. — Herborisation du Cours la Reine *(Tourn.)*.

✝✝ « Belleville » *(Tourn.)*.

ORCHIS L.

✝ **O. militaris** L. — « Parc de l'Abbaye de Charrone » *(Tourn.)*.

✝✝ **O. maculata** L. — « Belleville » *(Tourn.)*.

JONCÉES

JUNCUS L. — [JONC].

J. obtusiflorus Ehrh. — Perrés de l'ile des Cygnes ; quai de Grenelle ; quai d'Orsay ; quai Henri IV ; quai d'Austerlitz.

CYPÉRACÉES

CAREX Mich. — [LAICHE].

C. muricata L. — Quai de Grenelle.

C. glauca Scop. — Perrés de l'ile des Cygnes.

†† C. œderi Ehrh.; *C. flava* L. var. *œderi*
C. G. — Bords de la Seine, près de Grenelle *(C. G.)*.

C. hirta L. — Quai de Grenelle ; terre-plein du
Pont-Neuf.

var. *hirtæformis ; C. histæformis* Pers. — Quai
d'Orsay.

GRAMINÉES

LEERSIA Soland.

† L. oryzoides Sw. — Bords de la Seine à
Paris : quai de Béthune *(Larcher* in *C. G.)*.

†† Jetée du pont de Grenelle *(Vigineix, Durieu
de Maisonneuve* in *C. G.)*.

ANTHOXANTHUM L. — [FLOUVE].

†† A. odoratum L. (FLOUVE ODORANTE). —
« Bois de Belleville et de Ménil-montant » *(Tourn.)*.

MIBORA Adans.

†† M. verna P. B.; *M. minima* Desv. —

7

« Plaine de Grenelle, Belleville et Ménil-montant »
(*Tourn.*).

CRYPSIS Ait.

† C. alopecuroïdes Schrad. — Alluvions de
la Seine : quai d'Anjou à Paris (*Larcher* in *C. G.*).
†† Grenelle (*Weddell, de Schœnefeld* in *C. G.*).

PHLEUM L. — [PHLÉOLE].

P. pratense L. — Quai de Grenelle ; boulevard de Bercy, talus en terre.

ALOPECURUS L. — [VULPIN].

A. agrestis L. — Quai de la Conférence ;
perrés de l'île des Cygnes ; quai de Grenelle ; quai
d'Orsay ; quai Henri IV ; place du Carrousel ; rue
d'Aubigné ; boulevard de Bercy, talus en terre.

SETARIA P. Beauv.

S. viridis P. B. — Quai d'Austerlitz.

PANICUM L.

P. miliaceum L. (MILLET). — Place du Carrousel ; autour de l'Arc de Triomphe de l'Étoile ;
boulevard Picpus, dans les allées.

CYNODON Rich. — [CHIENDENT].

†† C. dactylon Rich. (CHIENDENT). — « Dans la grande allée qui va du Fauxbourg Saint Honoré au pont de Neüilly » *(Tourn.).*

AGROSTIS L.

A. alba L. — var. *coarcta* C. G.; *A. stolonifera* L. (TRAÎNE). — Quai de Grenelle.

A. vulgaris With.; *A. alba* L. var. *vulgaris* C. G. — Quai de Grenelle.

A. spica-venti L.; *Apera spica-venti* P. B. (ÉPI DU VENT). — Boulevard de Bercy, talus en terre.

† A. interrupta L.; *Apera interrupta* P. B. — Paris *(Weddell in C. G.).*

AVENA L. — [AVOINE].

A. sativa L. (AVOINE). — Quai de Grenelle ; quai Henri IV ; quai d'Austerlitz ; boulevard de Bercy, talus en terre ; ronds des arbres, boulevards des Italiens, des Capucines, de la Madeleine, Voltaire, avenue d'Antin, etc., surtout près des stations de voitures.

ARRHENATHERUM P. Beauv.

A. elatius P. B. (FROMENTAL). — Perrés de l'île des Cygnes ; quai de Grenelle.

TRISETUM Pers.

T. flavescens P. B. — Boulevard de Bercy, talus en terre.

HOLCUS L. — [HOUQUE].

H. lanatus L. (HOUQUE). — Perrés de l'île des Cygnes ; boulevard de Bercy, talus en terre ; autour de l'Arc de Triomphe de l'Étoile.

GLYCERIA R. Br.

G. loliacea Godr.; *Festuca loliacea* Huds. — Quai de Grenelle.

POA L. — [PATURIN].

P. annua L. — Herborisation du Cours la Reine *(Tourn.);* sur les deux rives des quais tout le long de la Seine ; perrés de l'île des Cygnes ; terre-plein du Pont-Neuf ; quai Jemmapes ; quai de Valmy ; place du Carrousel ; cour des Invalides ; autour de l'Arc de Triomphe de l'Étoile ; rue d'Aubigné ; boulevard de Bercy, talus en terre ; boulevard Saint-Marcel ; rue de la Santé ; rue Corvisart ; boulevard de Latour-Maubourg ; avenue de Breteuil ; dans les allées, avenue d'Antin, Cours la Reine, esplanade des Invalides, quai d'Orsay, place Vauban, boulevard Picpus ; grilles des arbres, avenue Percier, boulevard Saint Germain, boulevard de Vaugirard, boulevard de Montrouge ; sur les murs, rue Jenner, rue des Cornes, rue du faubourg Saint-Jacques, rue Amyot.

P. nemoralis L. — var. *firmula C. G.* — Quai de Valmy, talus en terre.

†† **P. serotina** Ehrh.; *P. palustris* L.— Bords de la Seine à la gare de Grenelle *(Balansa in C. G.).*

P. bulbosa L..— Sur les murs, rue Corvisart, rue des Cordeliers, boulevard d'Italie.

†† « Plaine de Grenelle » *(Tourn.).*

P. compressa L. — Quai d'Austerlitz.

P. pratensis L. — Quai, rive droite, entre la Concorde et Passy ; quai de Grenelle.

P. trivialis L. — Quai, rive droite, entre la Concorde et Passy ; quai de la Conférence ; perrés de l'île des Cygnes ; quai de Grenelle ; quai de Valmy, talus en terre ; autour de l'Arc de Triomphe de l'Étoile ; boulevard de Bercy, talus en terre.

P. sudetica Hænke. — Quai, rive droite, entre la Concorde et Passy.

ERAGROSTIS P. Beauv.

† **E. megastachya** Link.; *E. vulgaris C. G.* var. *megastachya C. G.; E. major* Host. — « Commun autour de l'Hostel Royal des Invalides »

(Tourn.); Paris : port Saint-Bernard *(Larcher* in *C. G.)*, cours de l'hôpital Beaujon et butte du Trocadéro *(Crétaine* in *C. G.)*, Champ de Mars *(Decaisne* in *C. G.)*.

†† « Dans la plaine de Grenelle : c'est l'endroit où Clusius l'avait remarquée ; car il l'indique de l'autre costé de la rivière vis à vis les Bonshommes » *(Tourn.)*; « Plaine de Bercy » *(Tourn.)*.

† E. poæoides P. B.; *E. vulgaris C. G.* var. *microstachya C. G.* — Observé accidentellement à Paris dans les cours du Muséum et du Ministère de la guerre *(Bonnet)*.

† E. pilosa P. B. — Observé accidentellement à Paris dans les cours du Muséum et Ministère de la guerre *(Bonnet)*.

†† Bords de la Seine, près de Grenelle *(Vigineix* in *C. G.)*.

DACTYLIS L.

D. glomerata L. — Quai, rive droite, entre la Concorde et Passy ; quai de la Conférence ; perrés de l'île des Cygnes ; quai d'Orsay ; quai Henri IV ; quai d'Austerlitz ; quai de Valmy, talus en terre ; place du Carrousel ; boulevard de Bercy, talus terre.

FESTUCA L. — [FÉTUQUE].

F. heterophylla Lamk. — Quai de Grenelle.

BROMUS L. — [BROME].

B. sterilis L. — Perrés de l'île des Cygnes, du quai de Grenelle, du quai Henri IV ; quai d'Austerlitz ; quais de Valmy et Jemmapes ; quai de Valmy, talus en terre ; place du Carrousel ; sur les murs, boulevard de la Gare, boulevard d'Italie, rue Bunant, avenue de l'Observatoire, rue Denfert-Rochereau, rue du faubourg Saint-Jacques.

SERRAFALCUS Parl.

†† S. arvensis Godr.; *Bromus arvensis* L. — « Belleville » *(Tourn.)*.

S. mollis Parl.; *Bromus mollis* L. — Quai, rive droite, entre la Concorde et Passy ; quai d'Orsay ; quai de Valmy, talus en terre ; place du Carrousel ; rue d'Aubigné ; boulevard de Bercy, talus en terre ; grilles des arbres, boulevard Voltaire.

HORDEUM L. — [ORGE].

H. murinum L. — Herborisation du Cours la Reine *(Tourn.)*; quai, rive droite, entre la Concorde et Passy ; perrés de l'île des Cygnes ; quai de Grenelle ; quai Henri IV , pavés et perrés ; quai de Valmy, perrés et talus en terre ; boulevard de Bercy, talus en terre ; autour de l'Arc de Triomphe de l'Étoile.

SECALE L. — [SEIGLE].

S. cereale L. (Seigle). — Perrés de l'île des Cygnes ; place du Carrousel ; boulevard de Bercy, talus en terre.

AGROPYRUM P. Beauv.

A. repens P. B. ; *Triticum repens* L. (Chiendent). — Perrés de l'île des Cygnes.

LOLIUM L. — [IVRAIE].

L. perenne L. (Ray-grass). — « Sur les quays et dans les cours des maisons » *(Tourn.);* herborisation du Cours la Reine *(Tourn.);* quai, rive droite, entre la Concorde et Passy ; quai de la Conférence ; perrés de l'île des Cygnes ; quai de Grenelle ; quai d'Orsay ; quai Henri IV, perrés ; quai d'Austerlitz ; quais de Valmy et Jemmapes ; quai de Valmy, talus en terre ; place du Carrousel ; autour de l'Arc de Triomphe de l'Étoile ; boulevard de Bercy, talus en terre ; rue Jenner, sur les murs.

s. var. *cristatum*. — Quai de Valmy, talus en terre.

FOUGÈRES

BOTRYCHIUM Swartz.

†† **B. lunaria** Sw. — « Croist à Belleville dans le Parc de M. le premier Président » *(Tourn.).*

OPHIOGLOSSUM L. — [OPHIOGLOSSE].

† **O. vulgatum** L. (OPHIOGLOSSE). — « A costé du Cours la Reine, dans le Bois qu'on appelle *les Champs Elysées* » *(Tourn.)*.

POLYPODIUM L. — [POLYPODE].

† **P. dryopteris** L. — var. *calcareum*. — Vieux murs, murs des quais, etc., Paris *(C. G.)*.

ASPLENIUM L. — [DORADILLE].

† **A. ruta-muraria** L. — « Entre les pierres du second bastion de la Bastille » *(Tourn.)*.

ÉQUISÉTACÉES

EQUISETUM L. — [PRÊLE].

E. arvense (QUEUE DE RAT). — Terre-plein du Pont-Neuf, sur les perrés.

CHARACÉES

CHARA L. — [CHARAGNE].

† **C. fœtida** L. ; *C. vulgaris* L. (HERBE A ÉCU-RER). — « Dans le bassin des Tuileries » *(Tourn.)*.

FLORULE
DU CONSEIL D'ÉTAT

RENONCULACÉES

Clematis vitalba L. (HERBE AUX GUEUX). — Cour ; jardin ; trottoir de la façade ; salles du rez-de-chaussée et du premier étage.

Ranunculus acris L. (BASSIN D'OR). — Grande et petites cours.

Ranunculus repens L. (PIED DE POULE). — Cour ; salles du rez-de-chaussée.

— var. *elatior* C. G.; *R. polyanthemos* Thuill. — Jardin.

Ranunculus bulbosus L. (PIED DE COQ). — Grande et petites cours.

PAPAVÉRACÉES

Papaver rhœas L. (COQUELICOT). — Jardin.

CRUCIFÈRES

Brassica napus L. — var. *esculenta* DC. (NAVET). — Salle au premier étage.

Diplotaxis tenuifolia DC. — Cour ; salles au premier étage.

Thlaspi bursa-pastoris L.; *Capsella bursa-pastoris* Mœnch (BOURSE A PASTEUR). — Petite cour ; trottoir de la façade ; salles au premier étage.

VIOLARIÉES

Viola odorata L. (VIOLETTE). — Jardin.

SILÉNÉES

Silene inflata Sm.; *S. cucubalus* Wib. (BEHEN BLANC). — Cour.

Silene pratensis G. G.; *Melandrium dioicum* C.G.; *M. album* Gke. (COMPAGNON-BLANC). — Cour; salles du rez-de-chaussée et du premier étage.

ALSINÉES

Sagina procumbens L. — Trottoir de la façade ; salles du premier étage.

Stellaria media Willd. (MOURON DES OISEAUX). — Cour ; jardin ; salles du rez-de-chaussée.

Cerastium vulgatum L.; *C. triviale* Link. — Cour ; trottoir de la façade ; salles du premier étage.

MALVACÉES

Malva sylvestris L. (MAUVE). — Jardin.

Hibiscus syriacus L. (ALTHÉA). — Jardin.

GÉRANIÉES

Geranium pusillum L. — Cour.

ACÉRINÉES

Acer pseudo-platanus L. (SYCOMORE). — Petite cour ; jardin ; trottoir de la façade ; salles du rez-de-chaussée et du premier étage.

Acer platanoides L. (ÉRABLE-PLANE). — Cours.

AMPÉLIDÉES

Ampelopsis quinquefolia Mich. (VIGNE-VIERGE). — Jardin ; salles du rez-de-chaussée et du premier étage.

CÉLASTRINÉES

Evonymus japonicus Thunb. — Jardin.

TÉRÉBINTHACÉES

Ailantus glandulosa Desf. (VERNIS DU

JAPON). — Salles du rez-de-chaussée et du premier étage.

PAPILIONACÉES

Medicago lupulina L. (LUPULINE). — Salles du premier étage.

Melilotus officinalis Lamk. ; *M. arvensis* Wallr. — Cour.

Melilotus alba Lamk. — Cour.

Trifolium pratense L. (TRÈFLE COMMUN). — Cour ; jardin.

Trifolium repens L. (TRÈFLE BLANC). — Salles du premier étage.

Trifolium elegans Savi. — Cour.

Trifolium filiforme L.; *T. minus* Relhan (TRÈFLE JAUNE). — Cour.

Lotus corniculatus L. (PIED DE POULE). — Cour.

Robinia pseudo-acacia L. (ACACIA). — Salle au rez-de-chaussée.

Coronilla varia L. — Cour ; jardin.

AMYDALÉES

Prunus avium L. ; *Cerasus avium* Mœnch (GRIOTTIER). — Petite cour ; salle du rez-de-chaussée.

ROSACÉES

Potentilla reptans L. (QUINTEFEUILLE). — Jardin.

Fragaria vesca L. (FRAISIER). — Cours ; salles du rez-de-chaussée.

Rubus cæsius L. — Petite cour.

Rubus idæus L. (FRAMBOISIER). — Jardin ; salles du rez-de-chaussée.

Rosa gallica L. (forme cultivée) (ROSE DE PROVINS). — Jardin.

Rosa canina L. — var. *canina* C. G. (ÉGLAN-TIER). — Petite cour ; jardin.

(forme cultivée). — Jardin.

var. *andegavensis* C. G. ; R. *andegavensis* Bast. — Jardin.

ONAGRARIÉES

Epilobium montanum L. — Cour ; trottoir de la façade ; salles du rez-de-chaussée et du premier étage.

var. *collinum*. — Cour ; salles du premier étage.

Epilobium parviflorum Schreb. — Cour ; jardin ; trottoir de la façade.

Epilobium hirsutum L. — Cour ; trottoir

de la façade ; salles du rez-de-chaussée et du premier étage.

Epilobium spicatum Lamk. (LAURIER DE SAINT-ANTOINE). — Salles du rez-de-chaussée et du premier étage.

GROSSULARIÉES

Ribes uva-crispa L. — var. *grossularia* C. G. (GROSEILLE A MAQUEREAU). — Petite cour ; jardin ; trottoir de la façade.

Ribes sanguineum Pursh. — Jardin.

OMBELLIFÈRES

Æthusa cynapium L. (PETITE CIGUE). — Petite cour ; jardin ; salles du rez-de-chaussée.

* **Œnanthe lachenalii** Gmel. — Cour.

Anthriscus vulgaris Pers. — Cour ; jardin ; trottoir de la façade.

ARALIACÉES

Hedera helix L. (LIERRE). — Cour ; jardins ; salles du rez-de-chaussée et du premier étage.

* Echantillon unique, sans fleurs ni fruits : la détermination n'est pas absolument certaine.

CAPRIFOLIACÉES

Sambucus nigra L. (SUREAU). — Cours ; jardin ; salles du rez-de-chaussée et du premier étage.

RUBIACÉES

Galium elatum Thuill.; *G. mollugo* L. var. *elatum* C. G. (CAILLE-LAIT BLANC). — Jardin.

Galium palustre L. — Cour.

Galium aparine L. (GRATERON). — Cour ; jardin ; trottoir de la façade ; salles du premier étage.

SYNANTHÉRÉES

Eupatorium cannabinum L. (CHANVRE AQUATIQUE). — Petite cour.

Tussilago farfara L. (PAS D'ANE). — Cours; trottoir de la façade ; salles du premier étage.

Erigeron canadensis L. — Jardin ; trottoir de la façade ; salles du premier étage.

Aster salignus Willd. — Jardin.

Bellis perennis L. (PAQUERETTE). — Cours.

Senecio vulgaris L. (SENEÇON). — Cour.

Senecio jacobæa L. (HERBE DE SAINT-JCAQUES). — Salle au premier étage.

Leucanthemum vulgare Lamk.; *Pyrethrum leucanthemum* C. G. (GRANDE MARGUERITE). — Cour; trottoir de la façade.

Leucanthemum parthenium G. G.; *Pyrethrum parthenium* Sm. (MATRICAIRE). — Jardin; salles du rez-de-chaussée.

Achillea millefolium L. (MILLEFEUILLE). — Cour; jardin; trottoir de la façade; salles du rez-de-chaussée.

Cirsium lanceolatum Scop. — Cour; trottoir de la façade; salles du premier étage.

Cirsium arvense Lamk. (CHARDON HÉMORRHOÏDAL). — Jardin; salles du rez-de-chaussée.

Centaurea nigra L.; *C. jacea* C. G. var. *nigra* C. G. — Cour.

Cichorium endivia L. — var. *latifolia* (ESCAROLE). — Jardin.

Lampsana communis L. (LAMPSANE). — Petite cour; jardin; salles du rez-de-chaussée et du premier étage.

Leontodon autumnalis L. — Cour.

Leontodon proteiformis Vill. — var. *vulgaris* Koch.; *L. hispidus* L. — Cour.

Taraxacum officinale Wigg.; *T. dens-leonis*

8

Desf. (PISSENLIT). — Cours ; jardin ; trottoir de la façade.

Lactuca scariola L. — var. *scariola* C. G. — Trottoir d'une des façades latérales.

Lactuca muralis Fresen.; *Phænopus muralis* C. G.; *Mycelis muralis* Rchb. — Cour ; jardin ; trottoir de la façade ; salles du rez-de-chaussée.

Sonchus oleraceus L. (LAITERON). — Cour; jardin ; trottoir de la façade.

Sonchus arvensis L. — Cour ; salles du rez-de-chaussée.

Sonchus asper Vill. (LAITERON). — Cour.

Crepis taraxacifolia Thuill. ; *Barkhausia taraxacifolia* DC. — Cour ; salles du premier étage.

Crepis virens Vill.; *C. Polymorpha* Wallr. — Cour ; jardin ; trottoir de la façade ; salles du premier étage.

Hieracium pilosella L.; *Pilosella vulgaris* Schültz (PILOSELLE). — Cour.

Hieracum sylvaticum Lamk.; *H. murorum* L. var. *sylvaticum* C. G.; *H. vulgatum* Fr. — Salle au rez-de-chaussée.

OLÉACÉES

Lilac vulgaris Lamk.; *Syringa vulgaris* L. (LILAS). — Jardin.

CONVOLVULACÉES

Convolvulus sepium L.; *Calystegia sepium* R. Br. (GRAND LISERON). — Jardin.

Convolvulus arvensis L. (PETIT LISERON). — Jardin.

BORRAGINÉES

Echium vulgare L. (VIPÉRINE). — Salle au premier étage.

SOLANÉES

Solanum nigrum L. (MORELLE NOIRE). — Cour; salles du rez-de-chaussée et du premier étage.

Solanum dulcamara L. (DOUCE-AMÈRE). — Cour; jardin; trottoir de la façade; salles du rez-du-chaussée et du premier étage.

SCROPHULARIACÉES

Linaria cymbalaria Mill. (CYMBALAIRE). — Salles du rez-de-chaussée et du premier étage.

Veronica chamædrys L. (VÉRONIQUE FEMELLE). — Cour.

Veronica serpyllifolia L. — Cour.

Veronica arvensis L. — Cour.

LABIÉES

Ballota fœtida Lamk.; *B. nigra* L. var. *fœtida* *C. G.* (Marrube noir). — Jardin ; salles du rez-de-chaussée.

Marrubium vulgare L. (Marrube blanc). — Salle au premier étage.

Ajuga reptans L. (Bugle). — Cour.

Verbena officinalis L. (Verveine). — Cour ; jardin.

PLANTAGINÉES

Plantago major L. (Grand Plantain). — Cour ; trottoir de la façade.

Plantago lanceolata L. — Cour ; salles du premier étage.

SALSOLACÉES

Chenopodium album L. — Jardin ; trottoir de la façade ; salles du rez-de-chaussée.

POLYGONÉES

Rumex friesii G. G.; *Rumex obtusifolius* L. (Patience sauvage). — Cours ; salles du rez-de-chaussée et du premier étage.

var. *acutifolius* C. G. — Jardin.

Rumex conglomeratus Murr. — Petite cour.

Rumex crispus L. (PATIENCE CRÉPUE). — Cour.

Rumex hydrolapathum Huds. (PATIENCE AQUATIQUE). — Cour ; jardin.

Rumex acetosa L. (OSEILLE). — Jardin ; trottoir de la façade ; salles du rez-de-chaussée.

Polygonum lapathifolium L. — Cour ; salles du premier étage.

Polygonum persicaria L. (PERSICAIRE). — Cour ; salles du rez-de-chaussée.

Polygonum aviculare L. (TRAINASSE). — Cour.

Polygonum fagopyrum L.; *Fagopyrum esculentum* Mœnch (SARRASIN). — Salles du premier étage.

EUPHORBIACÉES

Euphorbia peplus L. — Jardin ; trottoir de la façade ; salles du rez-de-chaussée.

Mercurialis annua L. (MERCURIALE). — Jardin ; salles du rez-de-chaussée et du premier étage.

Buxus sempervirens L. (BUIS). — Jardin.

MORÉES

Ficus carica L. (Figuier). — Salles du rez-de-chaussée.

CELTIDÉES

Celtis australis L. (Micocoulier). — Salle du rez-de-chaussée.

ULMACÉES

Ulmus campestris L. (Orme). — Cour.

URTICÉES

Urtica dioica L. (Grande Ortie). — Jardin.

CANNABINÉES

Humulus lupulus L. (Houblon). — Jardin ; salles du rez-de-chaussée.

SALICINÉES

Salix fragilis L. — Trottoir de la façade.

Salix alba L. (Saule). — Cour ; salles du premier étage.

Salix viminalis L. (Osier blanc). — Cour.

Salix smithiana Willd. — Cour.

Salix caprea L. (MARSAULT). — Cours; jardin; trottoir de la façade; salles du rez-de-chaussée et du premier étage.

Populus tremula L. (TREMBLE). — Salles du rez-de-chaussée et du premier étage.

Populus nigra L. (PEUPLIER SUISSE). — Salles du rez-de-chaussée et du premier étage.

PLATANÉES

Platanus acerifolia Willd. (PLATANE).— Jardin; trottoir de la façade.

BÉTULACÉES

Betula alba L. — var. *alba* s.-var. *resinifera* (BOULEAU). — Trottoir de la façade.

Betula pubescens Ehrh.; *B. alba* L. var. *pubescens*. — Salles du rez-de-chaussée et du premier étage.

SMILACÉES

Asparagus officinalis L. (ASPERGE). — Cour; trottoir de la façade; salles du rez-de-chaussée et du premier étage.

CYPÉRACÉES

Carex echinata Murr.; *C. stellulata* Good. — Premier étage, en haut de l'escalier.

Carex acuta L. — Cour.

GRAMINÉES

Anthoxanthum odoratum L. (FLOUVE ODORANTE). — Cour.

Setaria verticillata P. B. — Jardin.

Agrostis vulgaris With.; *A. alba* L. var. *vulgaris* C. G. — Cour.

Deschampsia cæspitosa P. B. (CANCHE). — Jardin; trottoir de la façade; salles du rez-de-chaussée.

Arrhenatherum elatius P. B. (FROMENTAL). — Jardin.

Trisetum flavescens P. B. — Jardin.

Holcus lanatus L. (HOUQUE). — Cour; jardin.

Poa annua L. — Cour; jardin; salles au premier étage.

Poa nemoralis L. — var. *nemoralis* C. G.; *P. debilis* Thuill. — Jardin.

var. *firmula* C. G. — Cour; jardin; trottoir; salles du rez-de-chaussée.

Poa pratensis L. — var. *angustifolia* C. G.; *P. angusfolia* auct. — Cour; trottoir de la façade.

Poa trivialis L. — Cours; jardin; trottoir de la façade; salles du premier étage.

Dactylis glomerata L. — Cour; jardin; salles du rez-de-chaussée et du premier étage.

Cynosurus cristatus L. (CRÉTELLE). — Cour.

Festuca heterophylla Lamk. — Jardin.

Bromus sterilis L. — Jardin.

Hordeum murinum L. — Jardin; trottoir de la façade.

Lolium perenne L. (RAY-GRASS). — Cour.

Gaudinia fragilis P. B. — Cour.

FOUGÈRES

Polypodium vulgare L. (POLYPODE). — Salle au premier étage.

Aspidium aculeatum Sw. — Salles du rez-de-chaussée et du premier étage.

Polystichum filix-mas Roth.; *Nephrodium filix-mas* Stremp. (FOUGÈRE MALE). — Cours ; salles du rez-de-chaussée et du premier étage.

Pteris aquilina L. (GRANDE FOUGÈRE). — Cours ; salles du rez-de-chaussée et du premier étage.

TABLE DES MATIÈRES

—

ACHEVÉ D'IMPRIMER

SUR LES PRESSES DE

VERONESE, IMPRIMEUR A PAU

le 21 avril 1884

POUR

JOSEPH VALLOT

A PARIS.

DU MÊME AUTEUR

—

Excursion au Mail Henri IV et distribution géographique des plantes aux environs de Fontainebleau. Páris, 1881, in-8 jésus de 15 pages...... 1 fr. 50

ÉTUDES SUR LA FLORE DU SÉNÉGAL. — 1er fascicule, avec carte coloriée, et notice historique, géographique et bibliographique sur les botanistes qui ont voyagé dans l'Afrique tropicale, et sur les ouvrages qui traitent de la botanique de cette région. Paris, 1882, 1 vol. in-8 jésus................. 4 fr.

RECHERCHES PHYSICO-CHIMIQUES SUR LA TERRE VÉGÉTALE et ses rapports avec la distribution géographique des plantes. *(Précédées d'une bibliographie raisonnée très étendue de publications sur cette matière de 1780 à 1882)*. Paris, 1883, 1 vol. in-8. . 12 fr.

Description d'un nouvel appareil destiné à la dessiccation des plantes dans les voyages. Paris, 1883, in-8 jésus de 7 pages avec 5 figures... 1 fr.

Note sur une station curieuse de l'*Asplenium septentrionale* aux environs de Lodève (Hérault). Paris, 1883, in-8 jésus.

www.ingramcontent.com/pod-product-compliance
Lightning Source LLC
Chambersburg PA
CBHW060808250626
47162CB00005B/1713